Berechtigungen im SAP® ERP HCM – Einrichtung und Konfiguration

Marcel Schmiechen

Willkommen bei Espresso Tutorials!

Unser Ziel ist es, SAP-Wissen wie einen Espresso zu servieren: Auf das Wesentliche verdichtete Informationen anstelle langatmiger Kompendien – für ein effektives Lernen an konkreten Fallbeispielen. Viele unserer Bücher enthalten zusätzlich Videos, mit denen Sie Schritt für Schritt die vermittelten Inhalte nachvollziehen können. Besuchen Sie unseren YouTube-Kanal mit einer umfangreichen Auswahl frei zugänglicher Videos:

https://www.youtube.com/user/EspressoTutorials.

Kennen Sie schon unser Forum? Hier erhalten Sie stets aktuelle Informationen zu Entwicklungen der SAP-Software, Hilfe zu Ihren Fragen und die Gelegenheit, mit anderen Anwendern zu diskutieren:

http://www.fico-forum.de.

Eine Auswahl weiterer Bücher von Espresso Tutorials:

- Bernd Klüppelberg: Techniken im SAP-Berechtigungswesen
  http://5031.espresso-tutorials.com
- Maxim Chuprunov: SAP GRC – Governance, Risk und Compliance im Dienste der Korruptions- und Betrugsbekämpfung (*erscheint bald*)
  http://5113.espresso-tutorials.com
- Christoph Kretner, Jascha Kanngießer: Berechtigungen in SAP BW, HANA und BW/4HANA (*erscheint bald*)
  http://5127.espresso-tutorials.com
- Andreas Prieß: SAP-Berechtigungen für Anwender und Einsteiger (*erscheint bald*) *http://5131.espresso-tutorials.com*
- Martin Metz, Sebastian Mayer: Schnelleinstieg in SAP GRC Access Control
  http://5164.espresso-tutorials.com

Qualifizieren Sie Ihre Mitarbeiter
ohne Reisekosten und externe Referenten

- 800+ E-Books und Videos in den Sprachen DE, EN, FR, PT, JP, ES
- Über 40 Lernpfade erleichtern die Einarbeitung in neue SAP-Themen
- Laufende Aktualisierung mit neuen Inhalten
- Zugang via Webbrowser oder App (iOS/Android)
- Staffelpreise ab 5 Lizenzen

Die Lernplattform:
https://et.training

7-Tage-Testzugang kostenfrei und unverbindlich:
https://et.training/testzugang

Individuelles Angebot für Firmen:
https://www.espresso-tutorials.de/firmenkunden/

Bibliografische Information der Deutschen Bibliothek
Die Deutsche Bibliothek verzeichnet diese Publikation in der Deutschen Nationalbibliografie; detaillierte bibliografische Daten sind im Internet über http://dnb.ddb.de abrufbar.

Marcel Schmiechen
Berechtigungen im SAP® ERP HCM – Einrichtung und Konfiguration

ISBN: 978-3-960128-00-7

Lektorat: Anja Achilles

Korrektorat: Christine Weber

Coverdesign: Philip Esch, Martin Munzel

Coverfoto: Fotolia #125886949 | alphaspirit

Satz & Layout: Johann-Christian Hanke

1. Aufl. 2017, Gleichen

URL: *www.espresso-tutorials.de*

Feedback:
Wir freuen uns über Fragen und Anmerkungen jeglicher Art. Bitte senden Sie diese an: *info@espresso-tutorials.com*.

Inhaltsverzeichnis

Einleitung

Dieses Buch führt Sie durch die Einrichtung und Konfigurationen von Berechtigungen und strukturellen Profilen im SAP-Modul Human Capital Management (HCM).

Im Rahmen der Einführung werden Ihnen die speziell im HCM verwendeten Berechtigungsobjekte vorgestellt sowie deren Verwendung erläutert. Im nächsten Schritt erfahren Sie, welche Bedeutung strukturelle Berechtigungen/Profile für die Zugriffssteuerung auf Objekte der Personalplanung (PD) (z. B. im Organisationsmanagement) sowie die Pufferung zur Performance-Optimierung haben. Anschließend erhalten Sie einen Überblick über die Berechtigungssteuerung in den einzelnen Komponenten und erfahren Besonderheiten, die bei der Erstellung von Rollen und Profilen zu beachten sind. In Kapitel 5 wird die Zugriffssteuerung von Anwendungen und Daten im Portal für die sogenannten ESS-/ und MSS-Szenarien vorgestellt.

Das Kapitel 6 gibt Ihnen einen Überblick über die Aufgaben der Benutzeradministration im HCM-Umfeld.

In Kapitel 7 gebe ich Ihnen einen Einblick in das Thema »Datenschutz« und speziell in die Anforderungen des Datenschutzes bzgl. Zugriffe auf Personaldaten in Deutschland. Hierbei sollen Empfehlungen zur Erstellung einer eigenen Rolle für den Datenschützer präsentiert werden.

Welche Besonderheiten und Fallstricke es zu beachten gibt, wird Ihnen in Kapitel 8 erläutert. Ergänzend erhalten Sie in diesem Kapitel zudem einige praktische Tipps zur Suche und Analyse von Berechtigungsfehlern.

Zum Abschluss des Buches möchte ich Ihnen noch die Möglichkeiten der Erweiterung der HCM-Berechtigungssteuerung vorstellen. Diese erlaubt es Ihnen auch, besondere Anforderungen im System abzubilden.

Dieses Buch ist keine Einführung in die allgemeine Benutzer- und Berechtigungsadministration von SAP-Systemen! Kenntnisse zum allgemeinen Umgang mit den Tools wie z. B. der Transaktion PFCG werden vorausgesetzt.

Im Text verwenden wir Kästen, um wichtige Informationen besonders hervorzuheben. Jeder Kasten ist zusätzlich mit einem Piktogramm versehen, das diesen genauer klassifiziert:

Hinweis

Hinweise bieten praktische Tipps zum Umgang mit dem jeweiligen Thema.

Beispiel

Beispiele dienen dazu, ein Thema besser zu illustrieren.

Warnung

Warnungen weisen auf mögliche Fehlerquellen oder Stolpersteine im Zusammenhang mit einem Thema hin.

Zum Abschluss des Vorwortes noch ein Hinweis zum Urheberrecht: Sämtliche in diesem Buch abgedruckten Screenshots unterliegen dem Copyright der SAP SE. Alle Rechte an den Screenshots hält die SAP SE. Der Einfachheit halber haben wir im Rest des Buches darauf verzichtet, dies unter jedem Screenshot gesondert auszuweisen.

1 Einführung in das HCM-Berechtigungswesen

Dieses Kapitel führt Sie in das Berechtigungswesen im Rahmen des SAP Human Capital Managements (HCM) ein und macht Sie mit einigen berechtigungsrelevanten Spezifikationen des Moduls wie etwa dem Ablauf und der Berechtigungsprüfung auf Daten innerhalb von Infotypen vertraut. In diesem Zusammenhang stelle ich Ihnen einige der zentralen Berechtigungsfelder vor, die für den Zugriff auf die sensiblen Personendaten und Objekte im HCM relevant sind vor.

Im Bereich des Berechtigungswesens muss grundsätzlich zwischen der *Zugangs-* und der *Zugriffskontrolle* differenziert werden (Abbildung 1.1). Die Zugangskontrolle entscheidet lediglich darüber, ob sich ein Benutzer am System anmelden darf. Dieser Themenkomplex wird in diesem Buch nicht behandelt, da es hierfür in einem Unternehmen zumeist übergreifende Regelungen und Vorgaben gibt. Aus Sicht des *HCM* gibt es diesbezüglich keine Besonderheiten. In diesem Buch soll es ausschließlich um den rechten Bereich gehen: die Zugriffskontrolle.

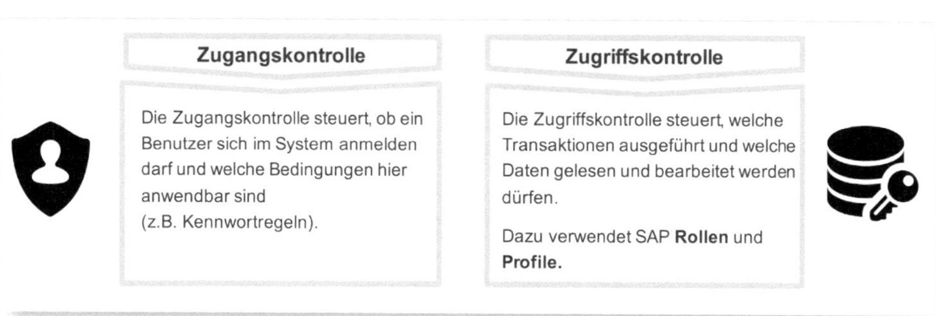

Abbildung 1.1: Abgrenzung Zugangs- und Zugriffskontrolle

Das Modul HCM mit seinen Komponenten (z. B. *Personaladministration, Zeitwirtschaft, Abrechnung*) funktioniert grundsätzlich analog zu den übrigen *Komponenten* eines SAP-ERP-Systems. Es wird jedoch zur Abbildung von Berechtigungen auf Organisations- und Unternehmensstrukturen um die sogenannten *strukturellen Berechtigungen* (Implementierung über *strukturelle Profile*) erweitert.

Die Mitarbeiterdaten werden in *Infotypen* abgelegt. Diese speichern mitarbeiterbezogene Daten in zeitabhängigen Datensätzen (inkl. der Information »gültig von bis«). Jeder Infotyp wird durch eine eindeutige Infotypnummer (ID) identifiziert und über eine eigene Datenbanktabelle abgebildet.

Verwendung der Abkürzungen HR und HCM

Sie finden in diesem Buch sowohl »HCM« als auch »HR« als Abkürzungen für das Personalmanagement in SAP. Beide werden im allgemeinen Sprachgebrauch sowie innerhalb des Systems annähernd gleichbedeutend verwendet. Aktuell ist, wenn man vom System und den Komponenten der Anwendung spricht, die Abkürzung HCM geläufig. Innerhalb des Systems findet man jedoch noch recht häufig die ältere Version HR, außer bei neueren Entwicklungen wie z. B. HCM Processes & Forms.

1.1 Beispiele für Infotypen

Infotypen gruppieren bestimmte fachliche Informationen in einem zusammenhängenden Datensatz. Für Mitarbeiter sind z. B. die folgenden Infotypen im Rahmen des HCM sehr bekannt:

- 0001 Organisatorische Zuordnung,
- 0002 Daten zur Person,
- 0006 Anschriften,
- 0008 Basisbezüge.

Auf diese Infotypen werden dann Benutzer berechtigt.

Aus Sicht des Berechtigungswesens stellt der Infotyp 0001 die zentrale Datenquelle für die Berechtigungssteuerung beim Zugriff auf Personen dar. Schauen wir uns zu Beginn den Ablauf einer Berechtigungsprüfung in der Abbildung 1.2 an. Nach dem ersten Schritt, der Anmeldung, startet der Anwender eine Transaktion wie z. B. die PA30 zur Pflege von Mitarbeiterdaten. Ob er auf den Mitarbeiter zugreifen kann, wird über die Felder des Infotyps 0001 gegen die in seinem Benutzer vorhandenen Berechtigungen geprüft.

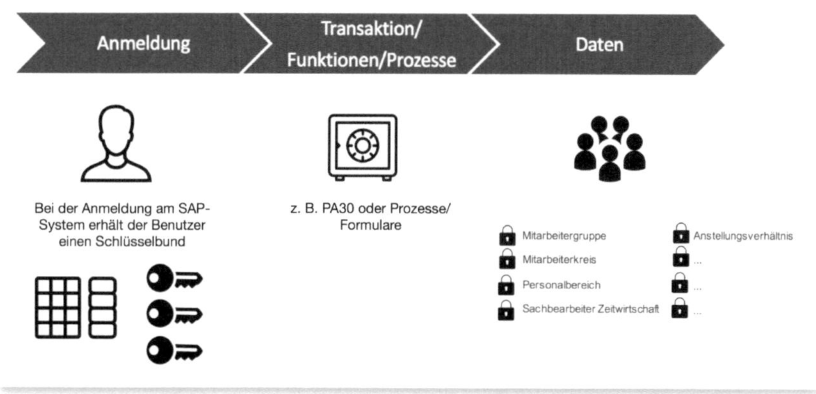

Abbildung 1.2: Ablauf der Berechtigungsprüfung

Damit der in der Abbildung beschriebene Ablauf der Berechtigungsprüfung im System durchgeführt werden kann, spielen unterschiedliche Elemente des Berechtigungswesens eine Rolle. Im weiteren Verlauf des Buches werden diese Begriffe immer wieder verwendet, daher finden Sie in Tabelle 1.1 jeweils eine kurze Erläuterung.

Element	Beschreibung
Benutzerstammsatz	Repräsentiert den Benutzer. Über Benutzername und Kennwort identifiziert sich der Anwender und gelangt ins System.
Rolle	Über Rollen sind die Aufgaben des Benutzers im System definiert. Der Anwender gelangt über Rollen in sein persönliches Menü.

Element	Beschreibung
Profil	Profile stellen technisch sicher, dass der Mitarbeiter jene Tätigkeiten, die er für seine Systemarbeit braucht, ausführen kann. Es handelt sich hierbei um die technische Abbildung der Rolle, die in der Transaktion PFCG definiert wurde. Dieses Profil darf nicht mit einem »strukturellen Profil« verwechselt werden.
Berechtigungsobjekt	Im Profil sind mehrere Berechtigungsobjekte vereint. Diese steuern feingranular, welche Funktionen und Daten der Anwender aufrufen darf. Die Berechtigungsobjekte aus dem HCM werden im Abschnitt 3.2 im Zusammenhang mit den Berechtigungshauptschaltern beschrieben.
Berechtigungsfeld	Definiert eine Zeile innerhalb eines Berechtigungsobjektes. Die wichtigsten Berechtigungsfelder im HCM sind im Abschnitt 1.2 beschrieben.

Tabelle 1.1: Begriffsdefinitionen im Berechtigungswesen

Weiterhin ist die Integration von Anwendungen in ein *SAP-Portal* oft von großer Bedeutung für ein HCM-Berechtigungskonzept. Über SAP-Portale wird den Mitarbeitern heutzutage häufig Zugriff auf Funktionen und Anwendungen im Rahmen von *ESS* (*Employee Self Services*)- und *MSS* (*Manager Self Services*)-Szenarien zur Pflege der eigenen Mitarbeiterdaten gewährt. Dies beinhaltet z.B. die Möglichkeit, einfache Stammdaten zu ändern (wie Adresse oder ähnliches) bis hin zur Anzeige von Lohn- und Gehaltsnachweisen. Im Bereich der MSS-Szenarien werden etwa Genehmigungen von Urlaubsanträgen abgebildet. Es muss also sichergestellt werden, dass der Mitarbeiter über ausreichende Berechtigungen zur Pflege seines eigenen Personalfalls verfügt und die entsprechenden Manager Zugriff auf die Daten des Teams haben.

1.2 Berechtigungsfelder

In diesem Abschnitt möchte ich Ihnen die wichtigsten Berechtigungsfelder vorstellen, die in den Berechtigungsobjekten des SAP HCM verwendet werden.

Bei den Berechtigungsprüfungen auf Personalstammsätze können im SAP-Standard nur Felder des Infotyps 0001 »Organisatorische Zuordnung« verwendet werden (Abbildung 1.3).

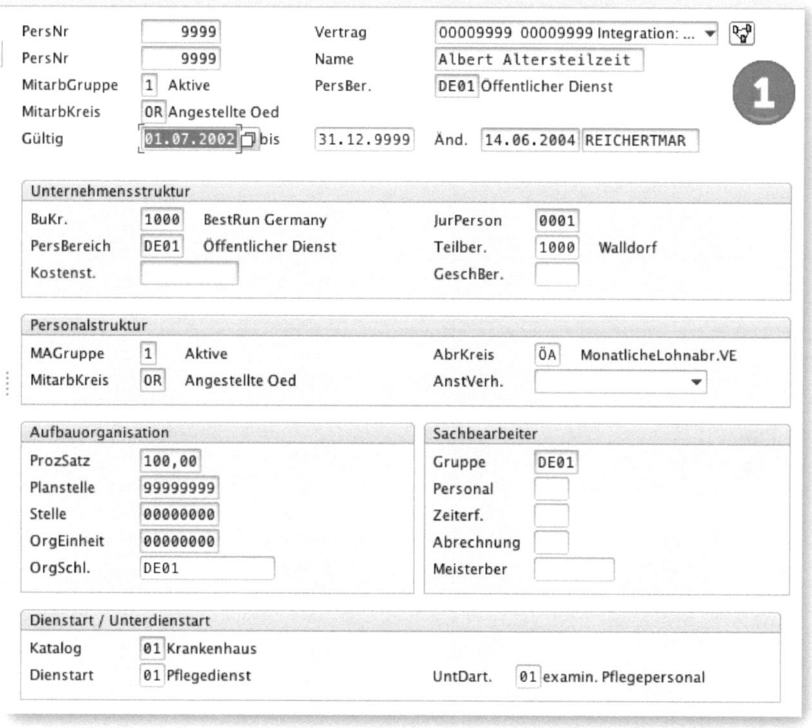

Abbildung 1.3: Übersicht des Infotyps 0001 »Organisatorische Zuordnung«

Felder des Infotyp-Headers sind nicht immer im Infotyp enthalten

Zu beachten in Abbildung 1.3 ist, dass die Felder im Header zum Infotyp ❶ (sofern diese nicht aus dem *Infotyp 0001* selbst stammen wie etwa die MITARBEITERGRUPPE) nicht im Infotyp selbst gespeichert sind und daher nicht für die Berechtigungssteuerung verwendet werden können. Somit ist z. B. keine Berechtigungssteuerung über den Namen möglich.

Berechtigungsfelder können Sie über die Transaktion SU20 anzeigen.

1.2.1 Personalbereich (Feld PERSA)

Der *Personalbereich* ist ein organisatorisches Merkmal, um die Mitarbeiter in einer Organisation nach administrativen Kriterien gliedern und die Berechtigungen auf bestimmte Bereiche einschränken zu können. Über dieses Feld mit der technischen Bezeichnung PERSA kann somit gesteuert werden, ob ein Benutzer Zugriff auf einen Personalfall hat, für den im Infotyp 0001 im Feld PERSONALBEREICH ein bestimmter Wert eingetragen ist. Das Feld PERSA ist u. a. in den Berechtigungsobjekten P_ORGIN bzw. P_ORGINCON enthalten.

In Abbildung 1.4 sehen Sie im oberen Bereich ❶, dass jedes Berechtigungsfeld einer *Domäne* zugeordnet sein muss (im Beispiel der gleichnamigen DOMÄNE PERSA). Im Bereich ❷ wird die Tabelle hinterlegt, auf die die Wertehilfe zugreift. Hier kann hinterlegt werden, welche Einträge für das Berechtigungsfeld zulässig sind. Diese stehen dann dem Berechtigungsadministrator bei der Pflege in der Transaktion PFCG zur Verfügung. Bereich ❸ zeigt den Verwendungsnachweis für dieses Berechtigungsfeld, also in welche Berechtigungsobjekte das Feld aufgenommen wurde.

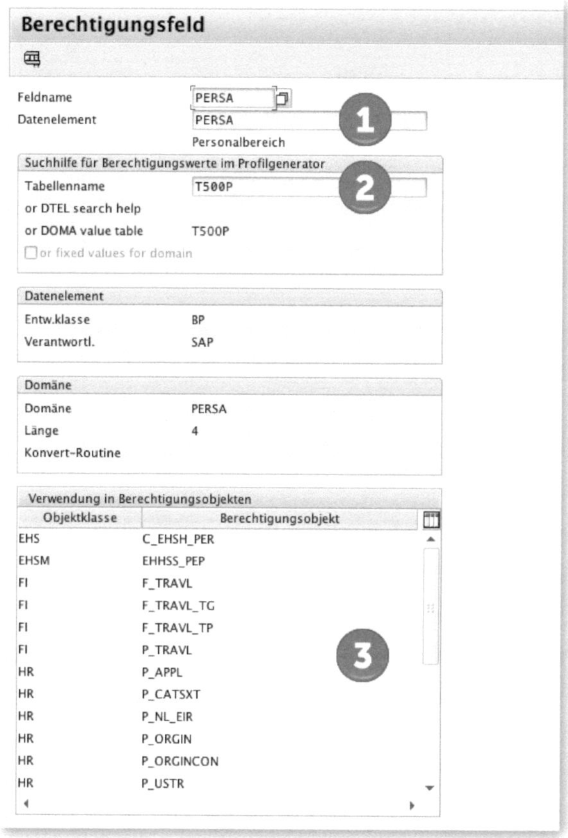

Abbildung 1.4: Anzeige des Berechtigungsfeldes PERSA

1.2.2 Mitarbeitergruppe und Mitarbeiterkreis (PERSK)

Analog zum Personalbereich können diese Berechtigungsfelder steuern, ob ein Benutzer Zugriff auf Personalfälle erhält, die über den Infotyp 0001 bestimmten Mitarbeitergruppen und -kreisen zugeordnet sind. Diese Felder sind ebenfalls in den Berechtigungsobjekten P_ORGIN bzw. P_ORGINCON enthalten.

1.2.3 Organisationsschlüssel (Feld VDSK1)

Der *Organisationsschlüssel* ist ein weiteres Feld des Infotyps 0001 und ein Merkmal zur Differenzierung der Personal- sowie der Unternehmungsstruktur. Er kann individuell genutzt werden und steht ebenfalls zur Berechtigungssteuerung zur Verfügung. VDSK1 ist wiederum ein Feld der Berechtigungsobjekte P_ORGIN bzw. P_ORGINCON.

1.2.4 Sachbearbeiterkennzeichen und -gruppe (Felder SACHA, SACHP, SACHZ, SBMOD)

Die Berechtigungsfelder *Sachbearbeiter Abrechnung* (SACHA), *Sachbearbeiter Personalstamm* (SACHP), *Sachbearbeiter Zeiterfassung* (SACHZ) sowie das Gruppenfeld SBMOD sind im Berechtigungsobjekt P_ORGXX bzw. P_ORGXXCON enthalten. Mit ihrer Hilfe lassen sich die Sachbearbeiterzuordnungen, die im Infotyp 0001 hinterlegt sind, zur Steuerung der Zugriffe nutzen.

Verwendung der Sachbearbeiterkennzeichen für die Berechtigungssteuerung

Bei der Verwendung der Sachbearbeiterkennzeichen für die Berechtigungssteuerung muss beachtet werden, dass es sich dabei um von der sonstigen organisatorischen Zuordnung unabhängige Felder handelt. So könnte es z. B. passieren, dass ein Mitarbeiter den Personalbereich wechselt und somit unter dem Zugriff eines neuen Sachbearbeiters für die Personaladministration steht. Wenn das Berechtigungsfeld SACHZ »Sachbearbeiter Zeitwirtschaft« für die Steuerung der Berechtigung im Bereich der Zeitwirtschaft verwendet wird, muss dieses Feld manuell geändert werden. Das Feld für den Personalbereich wird im Rahmen der Personalmaßnahme zum organisatorischen Wechsel angepasst.

1.2.5 Berechtigungsprofil (Feld PROFL)

Dieses Berechtigungsfeld ist in den Objekten P_ORGINCON und P_ORGXXCON und ggf. in kundeneigenen Berechtigungsobjekten enthalten. Es wird genutzt, wenn im Rahmen der Kontextlösung (siehe Abschnitt 4.5) strukturelle Profile in ihrer Gültigkeit direkt an spezifische Rollen gebunden werden sollen, um eine ungewollte Erweiterung der Berechtigungen eines Benutzers durch den additiven Benutzerpuffer zu verhindern.

Benutzerpuffer

Der Benutzerpuffer sammelt Informationen über die vorhandenen Berechtigungen und legt diese im System so ab, dass bei Berechtigungsprüfungen performant auf sie zugegriffen werden kann. Die Anzeige des Benutzerpuffers kann über die Transaktion SU56 erfolgen.

1.2.6 Planvariante (Feld PLVAR)

Da der Planung in HCM eine besondere Bedeutung zukommt, werden i. d. R. unterschiedliche *Planvarianten* definiert, die entsprechend geschützt werden können. Die Planvariante ist ein Szenario der Aufbauorganisation, auf welches einer Rolle der Zugriff erlaubt werden kann. Über das Berechtigungsfeld PLVAR lässt sich steuern, für welche Planvariante einer Rolle Zugriff erteilt wird. Es ist Bestandteil des Berechtigungsobjektes PLOG.

1.2.7 Berechtigungslevel (AUTHC)

Das Berechtigungsfeld AUTHC (Abbildung 1.5) ist in den Berechtigungsobjekten für den Zugriff auf Mitarbeiterdaten enthalten und legt fest, welche Aktivitäten genau ausgeführt werden dürfen. Leider steht in dem Berechtigungsobjekt keine [F4]-Hilfe zur Verfügung.

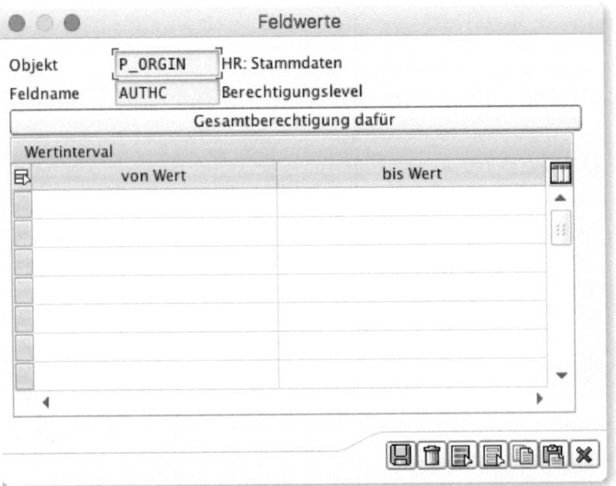

Abbildung 1.5: Pflege des Berechtigungsfeldes AUTHC

Stattdessen lohnt sich ein Blick in die F1-Hilfe zum Feld (Abbildung 1.6). Hier sind die Berechtigungslevel und deren Einsatz sehr ausführlich beschrieben (z. B. »R« für Lesen oder »W« für Schreiben von Datensätzen).

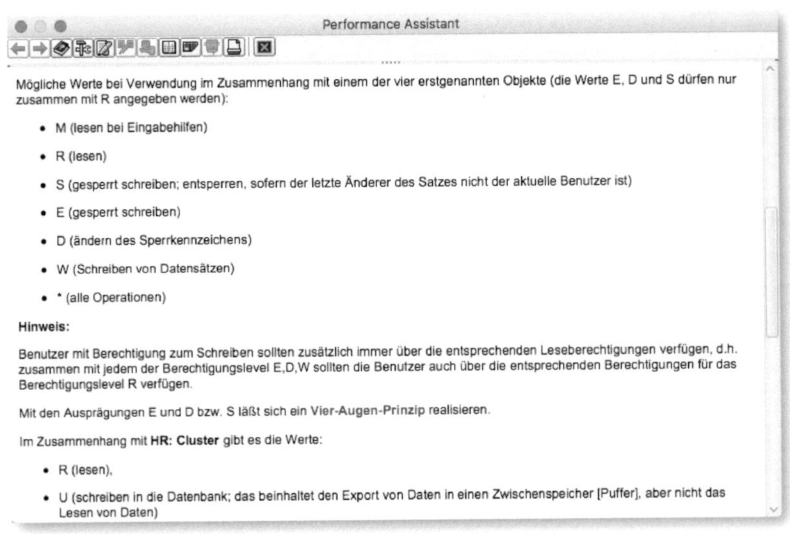

Abbildung 1.6: F1-Hilfe zum Berechtigungsfeld AUTHC

2 Berechtigungen der HCM-Komponenten

Wenden wir uns nun den einzelnen Komponenten des Moduls HCM zu und betrachten wir, in welchen Besonderheiten und Merkmalen sich diese voneinander unterscheiden.

Die einzelnen HCM-Komponenten verwenden teils unterschiedliche Funktionen und Verfahren der Berechtigungssteuerung. So kommen zum einen allgemeine Berechtigungsprüfungen und Vergaben zum Einsatz, die auch aus anderen SAP-Modulen bekannt sind, zum anderen aber auch solche, die exklusiv dem HCM vorbehalten sind wie z. B. strukturelle Berechtigungen (siehe Kapitel 4).

2.1 Personaladministration

Die Personaladministration bzw. deren Stammdaten sind elementare Bestandteile und Voraussetzung zur Nutzung der meisten Geschäftsprozesse und Funktionen im SAP HCM, da hier die Stammdaten der Personalfälle vorgehalten werden.

Die Berechtigungssteuerung für den Zugriff auf Infotypen der Personaladministration erfolgt über die Berechtigungsobjekte

- P_ORGIN (siehe Abschnitt 3.2.7) und
- P_ORGXX (siehe Abschnitt 3.2.9)

oder beim Einsatz der kontextsensitiven Berechtigungen (eine nähere Erläuterung folgt in Abschnitt 4.5) über

- P_ORGINCON (siehe Abschnitt 3.2.4) und
- P_ORGXXCON (siehe Abschnitt 3.2.11).

Der Zugriff auf die Infotypen der Personaladministration im Rahmen von ESS-Szenarien (Employee Self Services) wird über das Berechtigungsobjekt P_PERNR (siehe Abschnitt 3.2.10) gesteuert.

Darüber hinaus können zusätzlich strukturelle Berechtigungen zum Einsatz kommen.

2.2 Zeitwirtschaft

Die Zugriffssteuerung im Bereich der Zeitwirtschaft wird sehr unterschiedlich gehandhabt. Bei vielen Projekten erfolgt die Berechtigungsvergabe über die identischen Berechtigungsfelder (und somit auch Berechtigungsobjekte) wie in der Personaladministration. Je nach Unternehmensstruktur kann es aber auch vorkommen, dass die Steuerung über das für den Bereich Zeitwirtschaft zur Verfügung stehende *Sachbearbeiterkennzeichen* geschieht.

Die Sachbearbeiterkennzeichen für das HCM sind in den Berechtigungsobjekten

- P_ORGXX und
- P_ORGXXCON

enthalten. Des Weiteren können auch in der Zeitwirtschaft zusätzlich *strukturelle Berechtigungen* zum Einsatz kommen.

Dagegen finden die außerdem im HCM vorhandenen Sachbearbeiterkennzeichen für Personal und Abrechnung selten zur Steuerung von Berechtigungen Verwendung.

2.3 Organisationsmanagement

Das *Organisationsmanagement* arbeitet für den Zugriff auf die Daten in den *PD-Infotypen* (Planung) mit dem Berechtigungsobjekt PLOG (siehe Abbildung 2.1) und der Vergabe struktureller Berechtigungen (siehe Kapitel 4).

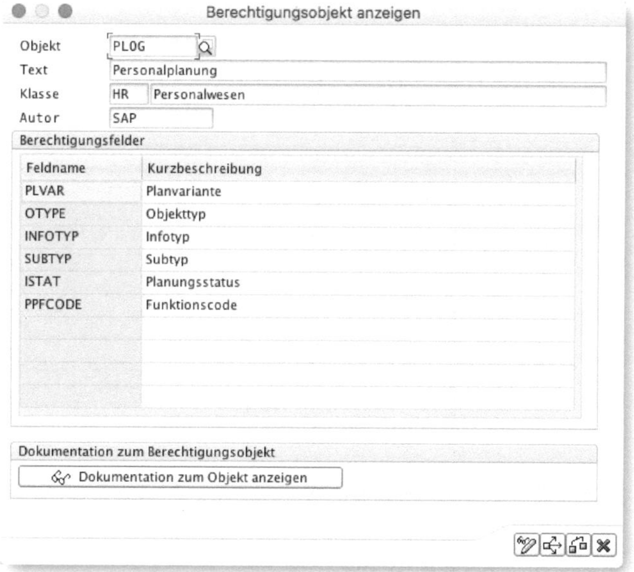

Abbildung 2.1: Berechtigungsobjekt PLOG

Das Berechtigungsobjekt hat mittels der darin enthaltenen Felder die Möglichkeit der Aussteuerung des Zugriffs auf

- eine Planvariante (vgl. Abschnitt 1.2.6),
- einen Objekttyp (Feld OTYPE) wie z. B. Organisationseinheit, Planstellen und Personen,
- Infotypen (Feld INFOTYP),
- den Subtyp (Feld SUBTYP),
- den Planungsstatus (Feld ISTAT) und
- das Feld PPFCODE (Funktionscode), das die Art des Zugriffs bestimmt.

Dies sind alle Elemente und Informationen, die für Infotypen der Planung (PD-Infotypen) relevant sind.

Die möglichen Werte für den Funktionscode sind in der Tabelle T77FC abgelegt (Abbildung 2.2).

Data Browser: Tabelle T77FC **33 Treffer**

Prüftabelle...

Tabelle: T77FC
Angezeigte Felder: 11 von 11 Feststehende Führungsspalten: 2 Listbreite 0250

MANDT	FCODE	PSTAT	FSTA1	FSTA2	ENQUE	MODGR	MAINT	DIDENT	LFCOD	FTEXT
001		INIT	00	00		1		0000		
001	ABLN	MODI	00	01		1	X	0000	ABLN	Ablehnen
001	AEND	MODI	00	04		1	X	0000		Ändern
001	AENK	MODK	00	04		1		0000		Kantinenfeld ändern
001	AENT	MODT	00	08		1		0000		Temporär ändern
001	AKTI	BEAN	00	01		1	X	0000	AKTI	Aktivieren
001	BEAN	BEAN	00	01		1	X	0000	BEAN	Beantragen
001	COP	MODI	00	04		1	X	0000		Kopieren
001	COPR	COPY	00	04		1		0000		Raum kopieren
001	COPY	COPY	00	04		1		0000		Objekt kopieren
001	CUT	CUT	00	08		1	X	0000	CUT	Objekt abgrenzen
001	CUTI	CUTI	00	01		1	X	0000	CUTI	Abgrenzen
001	DEL	DEL	00	02		1	X	0000		Löschen
001	DELO	DELO	00	02		1	X	0000	DELO	Objekt löschen
001	DISP	DISP	00	01		1		0000		Anzeigen
001	DUTY	INOQ	00	08		1	X	0000		Mußverknüpfung
001	GENE	BEAN	00	01		1	X	0000	GENE	Genehmigen
001	HITK	HITK	00	01		1		0000		Hitliste Karriereplanung
001	HITS	HITS	00	08		1		0000		Karriereplan Simulation
001	HITW	HITW	00	01		1		0000		Hitl. Weiterbildungsplan
001	INIT	INIT	00	00		1		0000		Initialisierung
001	INSE	INSE	00	08		1	X	0000		Anlegen
001	INSG	GMOD	00	08		1	X	0000		Anlegen aus OS/2
001	INTE	INTE	00	08	@	2		0000		Integration
001	LISD	LISD	00	00		1		0000		Listanzeige
001	LIST	LIST	00	00		1	X	0000		Listanzeige mit Änderung
001	MASS	INOQ	00	08		1	X	0000		Anlegen
001	NEWL	MODI	00	00		1		0000		Neue Sprache
001	PLVG	GMOD	00	00		1	X	0000		Planvorsch. aus OS/2
001	PLVO	MODI	00	00		1	X	0000	PLVO	Planvorschlagen
001	QUIC	QUIC	00	08		1	X	0000		Schnellerfassung
001	SIMU	HITS	00	08	@	1		0000		Simulation
001	VORS	VORS	00	08		1		0000		Vorselekt. Nachfolgeplan

Abbildung 2.2: Mögliche Werte im Berechtigungsfeld PPFCODE

In der Regel werden außerdem einige Personalstammdaten benötigt, um z.B. die Namen der Mitarbeiter innerhalb des Organisationsmanagements anzuzeigen. Dazu werden die Berechtigungsobjekte analog zur Personaladministration in den Rollen benötigt. Dies bedeutet, dass etwa in die Rollen für das Organisationsmanagement ebenfalls Berechtigungsobjekte der Personaladministration aufgenommen werden müssen.

2.4 E-Recruiting

Das *E-Recruiting* ist i.d.R. nicht auf dem SAP-HCM-System integriert, sondern wird aus Sicherheitsgründen auf einem gesonderten System betrieben. Dieses ist den meisten Fällen zusätzlich in ein Front- und ein Backend-System aufgeteilt. Das Frontend-System steht vor allem für einen externen Zugriff aus dem Internet zur Verfügung, etwa für Bewerber auf eine ausgeschriebene Stelle im Unternehmen. Es kommuniziert über das Backend-System, das in einer gesicherten Netzwerkzone mit dem eigentlichen HCM-System in Verbindung steht.

Die Berechtigungssteuerung im Bereich E-Recruiting unterscheidet sich aufgrund dieser strukturellen Gegebenheit von den übrigen Komponenten im SAP HCM, bei denen i. d. R. von einer Verwendung der SAP-Standard-Rollen als Grundlage für die Erstellung spezifischer Rollen zum Projekt abzusehen ist. Im E-Recruiting kann es durchaus sinnvoll sein, sich die im SAP-Standard ausgelieferten Rollen anzuschauen und teilweise direkt zu verwenden. So ist davon auszugehen, dass sich der Zugriff und die Berechtigungen für einen externen oder internen Bewerber kaum von den ausgelieferten Standard-Rollen unterscheiden, da diese Funktionen in den Unternehmen nur sehr geringfügig voneinander abweichen. Die Standard-Rollen beginnen mit dem Präfix SAP_RCF*. Abbildung 2.3 zeigt die mit Release 7.50 ausgelieferten Rollen.

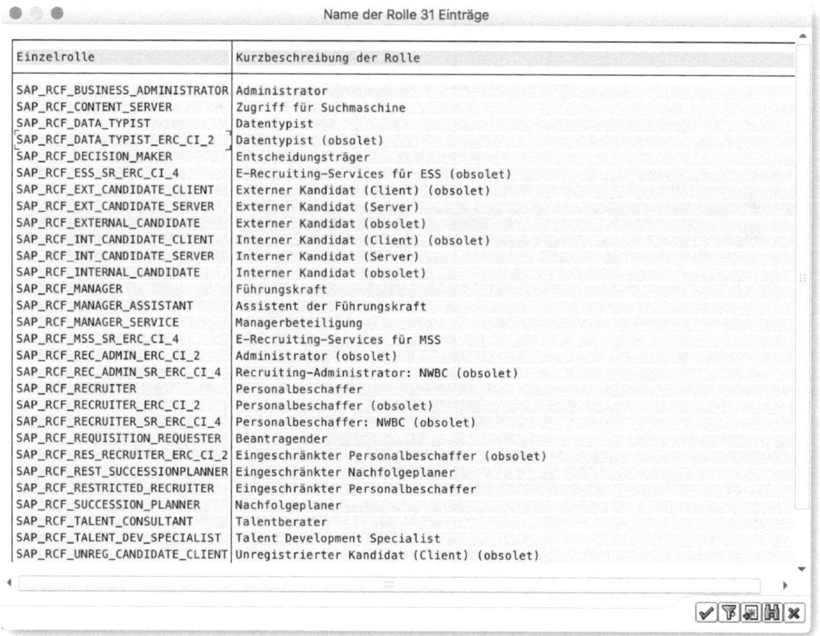

Name der Rolle 31 Einträge

Einzelrolle	Kurzbeschreibung der Rolle
SAP_RCF_BUSINESS_ADMINISTRATOR	Administrator
SAP_RCF_CONTENT_SERVER	Zugriff für Suchmaschine
SAP_RCF_DATA_TYPIST	Datentypist
SAP_RCF_DATA_TYPIST_ERC_CI_2	Datentypist (obsolet)
SAP_RCF_DECISION_MAKER	Entscheidungsträger
SAP_RCF_ESS_SR_ERC_CI_4	E-Recruiting-Services für ESS (obsolet)
SAP_RCF_EXT_CANDIDATE_CLIENT	Externer Kandidat (Client) (obsolet)
SAP_RCF_EXT_CANDIDATE_SERVER	Externer Kandidat (Server)
SAP_RCF_EXTERNAL_CANDIDATE	Externer Kandidat (obsolet)
SAP_RCF_INT_CANDIDATE_CLIENT	Interner Kandidat (Client) (obsolet)
SAP_RCF_INT_CANDIDATE_SERVER	Interner Kandidat (Server)
SAP_RCF_INTERNAL_CANDIDATE	Interner Kandidat (obsolet)
SAP_RCF_MANAGER	Führungskraft
SAP_RCF_MANAGER_ASSISTANT	Assistent der Führungskraft
SAP_RCF_MANAGER_SERVICE	Managerbeteiligung
SAP_RCF_MSS_SR_ERC_CI_4	E-Recruiting-Services für MSS
SAP_RCF_REC_ADMIN_ERC_CI_2	Administrator (obsolet)
SAP_RCF_REC_ADMIN_SR_ERC_CI_4	Recruiting-Administrator: NWBC (obsolet)
SAP_RCF_RECRUITER	Personalbeschaffer
SAP_RCF_RECRUITER_ERC_CI_2	Personalbeschaffer (obsolet)
SAP_RCF_RECRUITER_SR_ERC_CI_4	Personalbeschaffer: NWBC (obsolet)
SAP_RCF_REQUISITION_REQUESTER	Beantragender
SAP_RCF_RES_RECRUITER_ERC_CI_2	Eingeschränkter Personalbeschaffer (obsolet)
SAP_RCF_REST_SUCCESSIONPLANNER	Eingeschränkter Nachfolgeplaner
SAP_RCF_RESTRICTED_RECRUITER	Eingeschränkter Personalbeschaffer
SAP_RCF_SUCCESSION_PLANNER	Nachfolgeplaner
SAP_RCF_TALENT_CONSULTANT	Talentberater
SAP_RCF_TALENT_DEV_SPECIALIST	Talent Development Specialist
SAP_RCF_UNREG_CANDIDATE_CLIENT	Unregistrierter Kandidat (Client) (obsolet)

Abbildung 2.3: SAP-Standard-Rollen E-Recruiting

2.5 Learning Solution

Die *Learning Solution (LSO)* ist der Nachfolger des klassischen Veranstaltungsmanagements im SAP HCM. Es geht in dieser Komponente um die Abbildung der Organisation bzw. Ausführung von Veranstaltungen und Schulungen im Bereich Aus- und Weiterbildung. Weiterhin bietet die neue Learning Solution seit SAP ERP 6.0 ein webbasiertes Lernportal. Ihre Daten sind in PD-Infotypen abgelegt. Der Zugriff auf die Objekte der LSO wird über das in Abschnitt 2.3 beschriebene Berechtigungsobjekt PLOG gesteuert – hierbei handelt es sich u. a. um die Objekttypen D (Veranstaltungstyp), DC (Curriculumstyp), E (Veranstaltung), EC (Curriculum), EK (Trainingsprogramm), ET (eTraining) und L (Veranstaltungsgruppe). Aus diesem Grund erfolgt die Berechtigungssteuerung grundsätzlich über strukturelle Berechtigungen. Für die Anzeige der Mitarbeiterdaten benötigen die Rollen der LSO außerdem die Berechtigungsobjekte aus der Personaladministration. Diese werden für das Lesen der Informationen zum Personalfall (wie z. B. dem Namen) benötigt werden. Hier werden mindestens die Infotypen 0000 (Maßnahmen), 0001 (Organisatorische Zuordnung) und 0002 (Daten zur Person) benötigt.

2.6 Stellenwirtschaft

Die *Stellenwirtschaft* bietet eine andere Sicht auf die Personalausgaben (Personalhaushalt) und verknüpft diese mit den Mitarbeitern und Planstellen einer Organisation. Die Komponente der Stellenwirtschaft wird häufig für Projekte im öffentlichen Bereich eingeführt. Die Ablage der Daten erfolgt wie im Organisationsmanagement in den Infotypen der PD und wird bei der Anzeige mit Informationen aus der Personaladministration angereichert. Aus diesem Grund kommen hier ebenfalls die strukturellen Berechtigungen in Verbindung mit den Berechtigungsobjekten aus der Personaladministration zum Einsatz. Der Zugriff auf die Daten/Infotypen der Stellenwirtschaft wird über das Berechtigungsobjekt PLOG gesteuert. Hier bildet das Objekt BU (Haushaltselement) den zentralen Zugriffspunkt auf die Anwendungen. Die Daten der Stellenwirtschaft werden in den Infotypen 15* abgelegt. Zusätzlich sind für die Stellenwirtschaft oft noch Berechtigungen für die Organisationsstruktur sowie die Personaladministration von Bedeutung. Hier werden ähnlich der Stellenwirtschaft die Infotypen 0000 – 0002 für den Zugriff auf die Stammdaten des Personalfalls benötigt.

2.7 Personalentwicklung

Der Bereich der *Personalentwicklung* könnte ohne strukturelle Berechtigungen auskommen und den Zugriff auf die Mitarbeiter lediglich über die allgemeinen Berechtigungsobjekte steuern. In den meisten Projekten, bei denen ich im Einsatz war, wurde aber auch hier der Zugriff auf die Personen zusätzlich oder sogar ausschließlich über strukturelle Berechtigungen abgebildet, insbesondere wenn unterschiedliche Abteilungen für die Personaladministration und Personalentwicklung zuständig waren und der Bereich der Personalentwicklung sich mehr an den im System vorhandenen Organisationsstrukturen orientiert hat. Auch hier ist das Berechtigungsobjekt PLOG für die in den PD-Infotypen abgelegten Daten für z. B. die Objekte der Personalentwicklung Q (Qualifikation), B (Entwicklungsplan), LB (Laufbahn) oder auch QK (Qualifikationsgruppe) notwendig.

2.8 Abrechnung

Der Bereich der *Abrechnung* stellt noch einmal eine Besonderheit innerhalb der HCM-Komponenten dar. Abrechnungen für Mitarbeiter werden zumeist zentral und somit von wenigen Personen durchgeführt. In diesem Fall kommen keine strukturellen, sondern lediglich allgemeine Berechtigungen zum Einsatz. Bei der Rollenkonzeption sollte immer die Zulässigkeit einer gemeinsamen Berechtigungsvergabe für die Bereiche Personaladministration und -abrechnung geprüft werden. Häufig wird hierfür eine Funktionstrennung gefordert, damit ein Benutzer nicht einen Personalfall selbst einstellen und auch abrechnen kann. Ebenfalls werden die Zugriffe auf die Infotypen des Mitarbeiters zwischen der Personaladministration und der Abrechnung aufgeteilt, um eine eindeutige Zuständigkeit herzustellen.

3 Aufbau eines HCM-Berechtigungskonzepts

Nach diesem ersten Überblick zum HCM-Berechtigungswesen, soll es nun um den Aufbau eines HCM-Berechtigungskonzepts in einem Einführungsprojekt gehen. Ich möchte Ihnen einige Möglichkeiten und Tipps für die Erhebung der Anforderungen an das Berechtigungskonzept durch die Fachteams aufzeigen und Ihnen anschließend erläutern, wie Sie daraus ein Berechtigungskonzept ableiten können.

Gerade bei HCM-Einführungsprojekten oder auch der späteren Einführung weiterer Komponenten im System wird das Thema »Berechtigungen« von den Fachteams immer etwas stiefmütterlich behandelt. Hier wird der Fokus stets zuerst auf die Funktionen der Anwendung und Abbildung der Prozesse gelegt. Dies kann ich im ersten Augenblick auch nachvollziehen, jedoch zeigt die Erfahrung, dass ein Ausklammern des Themas »Berechtigungen« in den meisten Fällen dazu führt, dass es spätestens kurz vor dem Produktivtest wieder hochkommt. Dann heißt es schnell »Immer hat man nur Ärger mit den Berechtigungen!«, dabei hätte man das Thema in Ruhe über die gesamte Projektlaufzeit hinweg bearbeiten können.

Abbildung 3.1 zeigt einen (idealtypischen) Beispiel-Prozess unter Beteiligung des Berechtigungsteams, eines Fachteams und der Benutzerverwaltung. Bei einigen Unternehmen gibt es keine Trennung zwischen dem Berechtigungsteam und der Benutzerverwaltung. Hier werden die Aufgaben von ein und denselben Mitarbeitern in Personalunion erledigt. Wie zu sehen ist, sind in allen Phasen sowohl das Berechtigungs- als auch das Fachteam beteiligt und unterstützen sich gegenseitig bei der Konzepterstellung sowie der Definition der Anforderungen. So wird sichergestellt, dass die Implementierung der Berechtigungssteuerung im Rahmen des Projektes das notwendige Augenmerk erhält und erfolgreich durchgeführt wird.

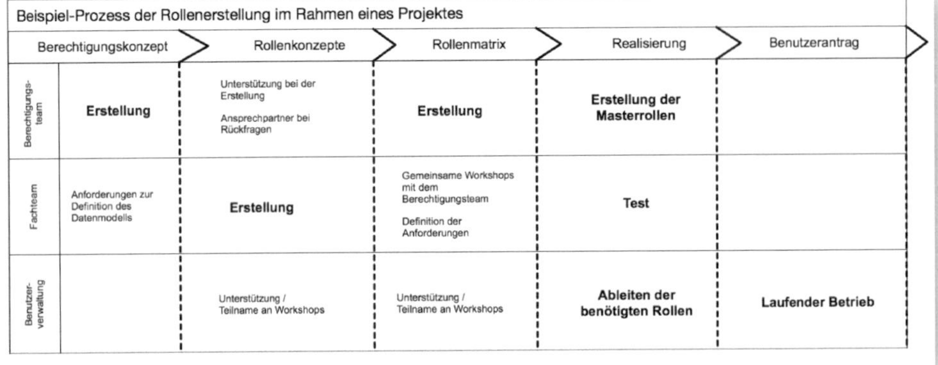

Abbildung 3.1: Beispiel-Prozess einer Rollenerstellung

Schauen wir uns den Prozess von der Erstellung eines Berechtigungskonzeptes bis zum Benutzerantrag nun im Detail an (Abbildung 3.2).

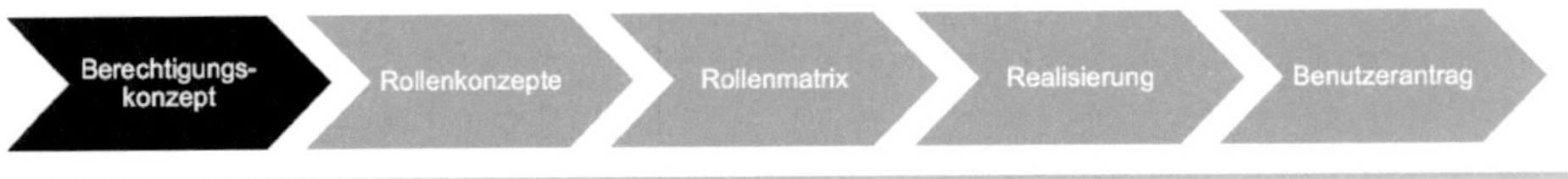

Abbildung 3.2: Prozess Rollenerstellung – Berechtigungskonzept

Das *Berechtigungskonzept* beschreibt die Rahmenbedingungen für ein einheitliches Rollenkonzept. Es legt sozusagen die Spielregeln für die Schaffung von Rollen fest. Typischerweise werden hier die folgenden Punkte beschrieben:

- Prinzipien, Prozesse und Protokollierung der Rollenerstellung und -änderung,
- Namenskonventionen für Rollen,
- kritische Berechtigungen,
- Einsatz zusätzlicher Werkzeuge,
- genutzte HR-Berechtigungsobjekte,
- Menüstruktur,
- Datenmodell für die Zugriffssteuerung.

Im nächsten Schritt (Abbildung 3.3) werden die *Rollenkonzepte* erstellt. Dieser Prozessschritt ist im Abschnitt 3.1 ausführlich beschrieben.

Abbildung 3.3: Prozess Rollenerstellung – Rollenkonzepte

Nach der Erhebung, welche Rollen im System realisiert werden müssen, kann darauf aufbauend die *Rollenmatrix* (siehe Abbildung 3.4) erstellt werden. Dieser Prozessschritt sowie ein Template für eine Rollenmatrix werden im Abschnitt 3.1.2 näher ausgeführt.

Abbildung 3.4: Prozess Rollenerstellung – Rollenmatrix

Nachdem in den bisherigen Schritten die Definitionen für die Rollen und Berechtigungssteuerung in Zusammenarbeit von Berechtigungsteam und Fachteams vorgenommen worden sind, kann die Realisierung der Rollen starten (Abbildung 3.5).

Abbildung 3.5: Prozess Rollenerstellung – Realisierung

In der Phase der *Realisierung* werden anhand der Rollenkonzepte und der erstellten Matrix die benötigten Einstellungen im System vorgenommen. Dies sind typischerweise

- Anlegen von *Orgebenen* (vgl. Abschnitt 3.1.4),
- Anlegen *generischer* und *abgeleiteter Rollen* (vgl. Abschnitt 3.1.3),

- Ausprägung aller für die benötigten Transaktionen notwendigen Berechtigungsobjekte,
- Gestaltung des Rollenmenüs,
- Zusammenfassung von *Einzel-* zu *Sammelrollen*.

An die Realisierung schließen sich die Prozesse der Benutzerverwaltung (siehe Abbildung 3.6) in Form der *Benutzeranträge* an. Diese umfassen dann z. B. die Zuweisung einer *Rolle* an einen *Benutzer*. Die in den vorherigen Schritten erstellten Dokumente bieten sowohl dem Berechtigungsteam als auch dem Antragsteller

- einen Überblick über die zur Verfügung stehenden Rollen zur Auswahl im Benutzerantrag,
- eine Funktionstrennungsmatrix mit sich ausschließenden Rollen, die nicht gemeinsam an einen Benutzer vergeben werden dürfen, und
- einen Überblick über Rollen mit kritischen Berechtigungen.

Abbildung 3.6: Prozess Rollenerstellung – Benutzerantrag

3.1 Erhebung der Anforderungen der Fachteams

Die Erhebung von Anforderungen zur Erstellung und Ausprägung von Rollen sollte innerhalb von Rollenkonzepten erfolgen. Ein Rollenkonzept kann daher als funktionales Design für das Berechtigungsteam verstanden werden. In ihr sind die folgenden Informationen enthalten:

- verbale Beschreibung des Zwecks und der Hauptaktivitäten der Rolle,
- Festlegung der Zugriffssteuerung der Rolle,
- Festlegung von Funktionstrennungsanforderungen,
- ggf. eine Zuordnung der Rolle zu Geschäftsprozessen.

Ein mögliches Template für ein Rollenkonzept ist in Abbildung 3.7 dargestellt.

1	Name der betriebswirtschaftlichen Rolle	
2	Technischer Name der Rolle	
3	Komponenten	☐ Personaladministration ☐ EH & S ☐ Personalentwicklung ☐ Learning Solution ☐ Personalzeitwirtschaft ☐ E-Recruiting ☐ Personaleinsatzplanung ☐ Organisationsmanagement ☐ Personalabrechnung ☐ Stellenwirtschaft ☐ ☐ Basis ☐ ☐
4	Allgemeine Beschreibung der Aufgabe und Hauptaktivitäten	
5	Zugriffssteuerung	Über welche organisatorischen Kriterien werden die Zugriffe auf Personalfälle und PD-Objekte identifiziert, die mit dieser Rolle zu bearbeiten sind? ☐ Mitarbeitergruppe ☐ Sachbearbeitergruppe Zeitwirtschaft ☐ Mitarbeiterkreis ☐ Personalbereich ☐ Organisationsmanagement (dann 6 ausfüllen!) ☐ Personalteilbereich ☐ ☐ ☐ ☐
6	Ermittlung des Zugriffs über strukturelle Profile	
7	Funktionstrennung: Mit welchen Rollen darf diese Rolle aus Gründen der Funktionstrennung nicht kombiniert werden?	
8	Anmerkungen/Restriktionen	
9	Zuordnung der Rollen zu Geschäftsprozessen: In welchen Geschäftsprozessen wird die Rolle benötigt?	
10	Grundlagen für die Anforderung der Rolle	

Abbildung 3.7: Template Rollenkonzept

Die Erhebung der Anforderungen sollte in kleineren Workshops mit den Fachteams vorbereitet werden. Hier werden das Template für das Rollenkonzept und die notwendigen Angaben besprochen, die das Berechtigungsteam für die Implementierung benötigt. Für mein Beispiel-Template würde dies der Auflistung in Tabelle 3.1 entsprechen:

Feld	benötigte Angabe
1	Vergabe eines sprechenden Namens für die betriebswirtschaftliche Rolle. Dieser Name wird im späteren Betrieb, z. B. bei Benutzeranträgen, verwendet.
2	Der technische Name der Rolle wird nach ihrer Implementierung durch das Berechtigungsteam im Rollenkonzept ergänzt.
3	Zuordnung der Rolle zu einer SAP-Komponente
4	Die allgemeine Beschreibung muss einen Überblick über die Funktionen und den Umfang der Rolle geben.
5	Die Angaben zur Zugriffssteuerung einer Rolle sind von großer Bedeutung für die Implementierung der Berechtigungssteuerung. Sie definieren indirekt, welche Berechtigungsobjekte wie gesetzt werden müssen (Umsetzung über die Berechtigungshauptschalter, vgl. Abschnitt 3.2), welche Berechtigungsfelder und Organisationsebenen (vgl. Abschnitt 3.1.4) zum Einsatz kommen und ob ggf. zusätzliche Anforderungen gegeben sind, die nicht mittels Standard-Berechtigungssteuerung, sondern über BAdIs (siehe Kapitel 9) implementiert werden müssen.
6	Sollte unter 5 festgelegt worden sein, dass sich die Zugriffe ganz oder zum Teil über das Organisationsmanagement definieren, muss hier die Definition des strukturellen Profils (siehe Kapitel 4) erfolgen.
7	Im Bereich der Funktionstrennung werden von den Teams Rollen angegeben, die nicht zugleich miteinander vergeben werden dürfen.
8	Das Feld »Anmerkungen und Restriktion« könnte z. B. Informationen darüber enthalten, ob diese Rolle nur für einen bestimmten Personenkreis vorgesehen ist oder ausschließlich temporär (wie z. B. zur Durchführung von Migrationsaufgaben) vergeben werden darf.
9	In diesem Feld kann die Rolle einem Geschäftsprozess zugeordnet werden.
10	Dieses Feld dient der Begründung, warum diese Rolle angefordert wird. Dies ermöglicht z. B. dem Datenschutzbeauftragten zu entscheiden, ob diese Rolle erstellt und im System vergeben werden darf.

Tabelle 3.1: Felderläuterungen im Rollenkonzept

Ein ausführliches Rollenkonzept kann nicht nur vom Berechtigungsteam genutzt, sondern auch z. B. dem Verantwortlichen für den Datenschutz zur Prüfung vorgelegt werden (vgl. Kapitel 7).

Auch zur Beantragung von *Rollen* (also den *Benutzeranträgen* im späteren Betrieb) sind aktuelle Konzepte notwendig, damit die für ihre Beantragung notwendigen Informationen transparent und zugänglich sind.

Erfassen der Rollenkonzepte

Zu Beginn eines Projektes sollte pro Rolle eine einzelne Datei erstellt werden. Nachdem alle Anforderungen erfasst wurden, werden die einzelnen Dateien durch das Berechtigungsteam zu einem Dokument zusammengefasst.

3.1.1 Auswertung und Konsolidierung der Anforderungen

Die nun vorliegenden Rollenkonzepte müssen im Weiteren vom Berechtigungsteam konsolidiert und ausgewertet werden. Als Ergebnis dieser Auswertung stehen die erforderlichen Berechtigungsobjekte und damit notwendigen Einstellungen für die *HR Berechtigungshauptschalter* fest. Darauf aufbauend, kann das Template für die Rollenmatrix (siehe Abschnitt 3.1.2) erstellt und an die Fachteams zum Ausfüllen versendet werden.

3.1.2 Rollenmatrix

Die *Rollenmatrix* ist eine detaillierte technische Beschreibung der Rollen. Sie enthält die

- Beschreibung der Zugriffsberechtigung einer Rolle auf Infotypen und Subtypen,
- Festlegung der berechtigten Transaktionen,
- Ausprägung der HR-Berechtigungsobjekte.

Bei der Fehleranalyse kann anhand der Rollenmatrix geprüft werden, ob es sich um einen Fehler, das gewünschte Systemverhalten (Berechtigung soll tatsächlich nicht in der Rolle vorhanden sein) oder eine neue Anforderung handelt. Weiterhin muss für die Endanwender transparent sein, welche Rolle auf welche Infotypen in welcher Form (lesend oder schreibend) zugreifen kann.

Im Lauf der Jahre habe ich viele unterschiedliche Aufteilungen für eine Rollenmatrix gesehen. Nachfolgend möchte ich Ihnen ein Beispiel für die Gestaltung einer Rollenmatrix geben, die nach meinen Erfahrungen ein guter Best-Practice-Ansatz für die Erstellung ist. Sie kann natürlich je nach Projekt zusätzliche Anforderungen und Definitionen enthalten. Die Aufteilung der Matrix erfolgt in die Tabellenblätter

- Transaktionen,
- PA-Infotypzugriff und
- PD-Infotypzugriff.

Der Aufbau der Tabellenblätter erfolgt bei meinem Ansatz immer identisch: Auf der oberen X-Achse werden die Rollen aufgeführt, auf der Y-Achse die möglichen Rolleninhalte. In der jeweiligen Zeile/Spalte wird gekennzeichnet, ob der Wert in die Rolle aufgenommen werden soll.

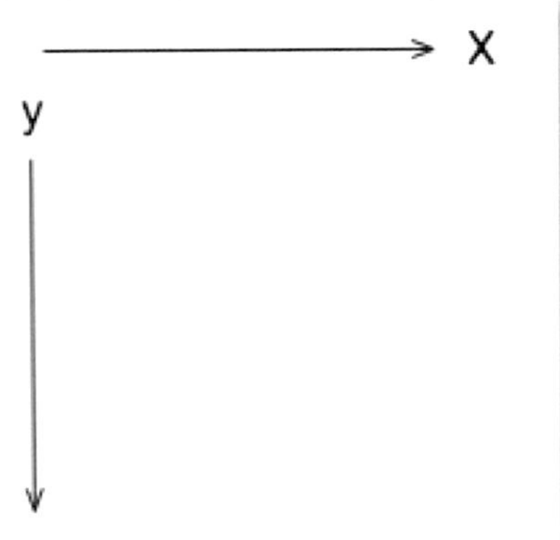

Abbildung 3.8: Achsen auf den Tabellenblättern

Tabellenblatt Transaktionen

Auf dem in Abbildung 3.9 gezeigten Tabellenblatt werden die Menüstruktur sowie die Transaktionen definiert, die in eine Rolle aufgenommen werden sollen. Die einfache Kennzeichnung der Transaktion über ein Flag besagt, dass sie in der Rolle enthalten sein soll. In den Spalten EBENE 1 bis 4 haben die Fachteams die Möglichkeit, eine Menüstruktur für die Rolle aufzubauen, die dem Benutzer bei der Anmeldung angezeigt werden soll.

Berechtigungsmatrix
Menüebenen

Komponente	Ebene 1	Ebene 2	Ebene 3	Ebene 4	Transaktionscode	Transaktionstext	Rolle 2	Rolle 3	Rolle 4	Rolle 5	Rolle 6	Rolle 7	Rolle 8
PA	Personalstamm				PA10	Personalakte	X	X		X	X		X
PA	Personalstamm				PA20	Anzeigen	X	X	X	X	X	X	X
PA	Personalstamm				PA30	Pflegen			X	X	X	X	X
PA	Personalstamm				PA40	Personalmaßnahmen					X		X
PA	Personalstamm				PA42	Schnellerf.Maßnahmen					X		X
PA	Personalstamm				PA48	Einstellung aus Fremdsystem					X		X
PA	Personalstamm				PA70	Schnellerfassung			X		X		X
PA	Personalstamm				PA71	Schnellerfassung Zeitdaten			X		X		
PA	Personalstamm				PO13D	Planstelle anzeigen	X		X	X	X		X
PA	Personalstamm				PP01	Temporäre Freigabe					X		X
PA	Berichte				S_PH0_48000450	Terminübersicht		X	X	X	X	X	X

Abbildung 3.9: Tabellenblatt Transaktionen

Tabellenblatt PA-Infotypzugriff

Auf dem Tabellenblatt *PA-Infotypzugriff* (Abbildung 3.10) wird der Zugriff auf die Infotypen der Personaladministration definiert. So wird für jede Rolle die mögliche Kombination aus Infotyp/Subtyp für den Zugriff festgelegt. Hier stehen ein »L« für lesend, »S« für schreibend oder ein leeres Feld für keinen Zugriff zur Verfügung.

Infotyp	Subtyp	Rolle 1	Rolle 2	Rolle 3	Rolle 4	Rolle 5	Rolle 6	Rolle 7
0000			L	L	L	S	L	S
0001			L	S	L	S	L	S
0002			L	S	L	S	L	S
0003								
0004			L	S		S	L	S
0005								
0006			L	S		S	L	S
0007			L	S	L	S	L	S
0008				L		L		L
0009								

Abbildung 3.10: Tabellenblatt PA-Infotypzugriff

Tabellenblatt PD-Infotypzugriff

Der Zugriff auf die *PD-Infotypen* (z. B. im Organisationsmanagement) definiert sich auf der Y-Achse pro OBJEKT-, INFO- und SUBTYP (Abbildung 3.11). Zu jeder dieser Kombinationen wird der Zugriff für die Rolle auf der X-Achse bestimmt.

	A	B	C	D	E	M	N	O	P	Q	R	S
						Rolle 1	Rolle 2	Rolle 3	Rolle 4	Rolle 5	Rolle 6	Rolle 7
1	**Objekttyp**	**Bezeichnung**	**Infotyp**	**Bezeichnung**	**Subtyp**							
413	P	Person	1000	Objekt			L	L	L	L	L	L
414	P	Person	1001	Verknüpfungen			L	L	L	S	L	S
415	P	Person	1002	verbale Beschreibung								
416	P	Person	1003	Abteilung/Stab								
417	P	Person	1007	Vakanz								
418	P	Person	1025	Halbwertszeit/Gültigkeit								
419	P	Person	1031	Info Raumbelegung								
420	Q	Qualifikation	1000	Objekt			L	L		L		L
421	Q	Qualifikation	1001	Verknüpfungen			L	L		L		L
422	Q	Qualifikation	1002	verbale Beschreibung								
423	Q	Qualifikation	1007	Vakanz								

Abbildung 3.11: Tabellenblatt PD-Infotypzugriff

3.1.3 Konzept der Rollenableitung

Die Idee hinter dem Begriff der *Rollenableitung* ist, im ersten Schritt die aus den Rollenanforderungen (vgl. Abschnitt 3.1.1) konsolidierten Rollen zu generalisieren und möglichst wenige technische Rollen zu entwickeln, um den Wartungsaufwand bei Änderungen zu minimieren. Diese generalisierbaren Rollen zeichnen sich dadurch aus, dass sie keinen Zugriff auf bestimmte Daten oder Personen haben. Vielmehr handelt es sich um Rollen, die zwar den gleichen funktionalen Zugriff (z. B. auf Transaktionen) abbilden, sich aber im Zugriffsziel – *Personenkreis* bzw. *Objekte* – unterscheiden. Diese Rollen werden als *generische Rollen* bezeichnet.

Als Beispiel nehmen wir einen Mitarbeiter in der Personalabteilung. Der Mitarbeiter hat i. d. R. – unabhängig vom Personalbereich, für den er zuständig ist – den gleichen Funktionsumfang für seine Aufgaben im System. Lediglich die Personen, auf die er Zugriff haben soll, unterscheiden sich durch den im Unternehmen festgelegten organisatorischen Zuständigkeitsbereich. Somit eignet sich hier die generische Rolle »Personalsachbearbeiter«. Den Zugriffsbereich dieser Rolle (z. B. Daten und Personen) füllen Sie erst in den abgeleiteten Rollen. Vorteil dieses Konzeptes ist, dass bei eventuellen funktionalen Anpassungen (z. B. eine neue Transaktion soll in die Rolle eingefügt werden) lediglich die generische Rolle anzupassen ist und diese Anpassung anschließend auf die abgeleiteten Rollen vererbt werden kann, wie am Beispiel in Abbildung 3.12 verdeutlicht. Wir haben hier eine generische Rolle mit Zugriff auf die Transaktionen PA10, PA20, PA30 und PA40 sowie einen Zugriff auf die Infotypen 0000 bis 0010, 0014 und 0015. Die Zugriffe auf den Personalbereich und die Mitarbeitergruppe sind noch nicht gefüllt. Dies geschieht erst auf Ebene der abgeleiteten Rollen #1 und #2.

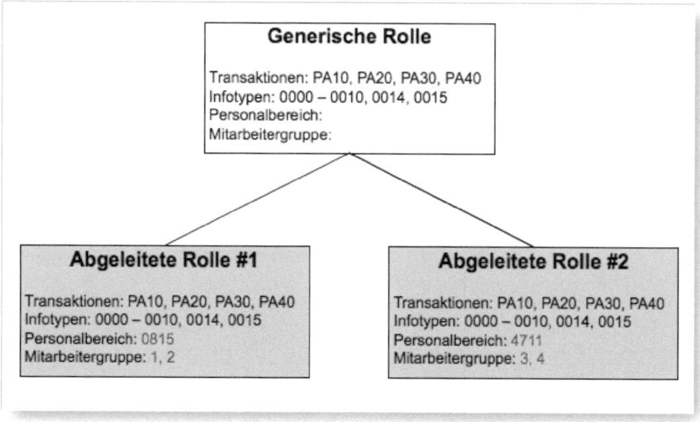

Abbildung 3.12: Prinzip der Rollenableitung

Damit dieses Vorgehen so im System umgesetzt werden kann, müssen in unserem Beispiel die Felder PERSONALBEREICH und MITARBEITERGRUPPE als Organisationsebenen (siehe Abschnitt 3.1.4) angelegt werden. Das hierzu notwendige Vorgehen ist im nächsten Abschnitt beschrieben.

3.1.4 Organisationselemente

Organisationselemente sind speziell gekennzeichnete Berechtigungsfelder, die für den Profilgenerator eine besondere Bedeutung haben. Befinden sie sich in entsprechenden Berechtigungsobjekten, schränken sie den Zugriff der Rolle nur anhand ihres Gültigkeitsbereichs ein. Die Datenbereiche der Organisationselemente werden *Organisationsebenen* (im Weiteren »Orgebene«) genannt. Im Standard von SAP HCM ist bereits das Berechtigungsfeld PLANV (vgl. Abschnitt 1.2.6) als Organisationselement gekennzeichnet.

Die Abbildung 3.13 zeigt die Pflege der Orgebenen ❶ im *Profilgenerator* (Transaktion PFCG).

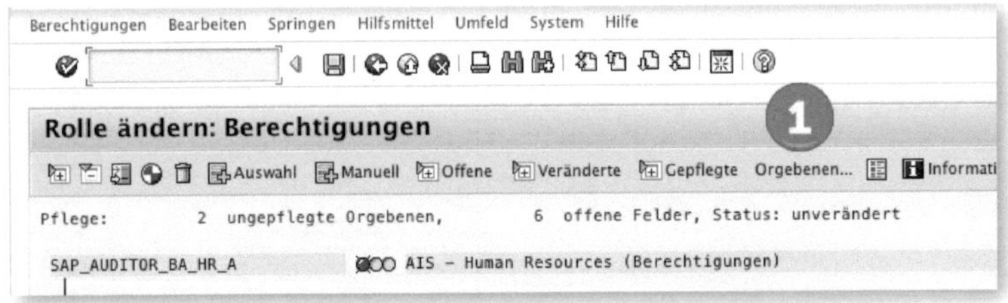

Abbildung 3.13: Pflege der Orgebenen im Profilgenerator

Die Pflege der Orgebenen müssen Sie immer über den Button ORGEBENEN vornehmen, damit das Prinzip der Vererbung der gepflegten Orgebenen in die Berechtigungsfelder funktioniert. Führen Sie diese direkt über das Berechtigungsfeld aus, erscheint die in Abbildung 3.14 gezeigte Information.

Sie sehen, dass das Orgebenenfeld nicht mehr über die Orgebenen-Werte der Rolle versorgt wird. Sollten Sie dieses Verhalten wünschen, hinterlassen Sie einen entsprechenden Kommentar im *Berechtigungstext* (Menü BEARBEITEN • BERECHTIGUNGSTEXT, Abbildung 3.15).

In dem sich öffnenden Pop-up können Sie den Text ändern (Abbildung 3.16).

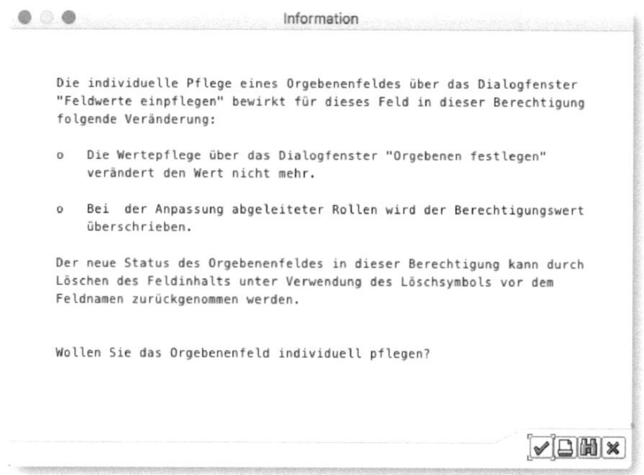

Abbildung 3.14: Information bei der Pflege einer Orgebene über das Berechtigungsfeld

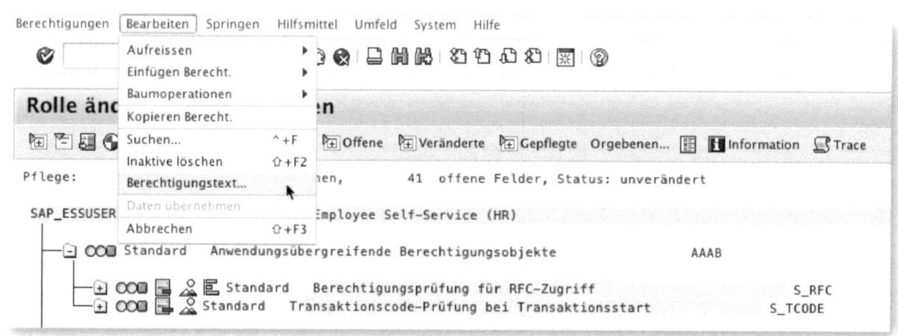

Abbildung 3.15: Berechtigungstext ändern

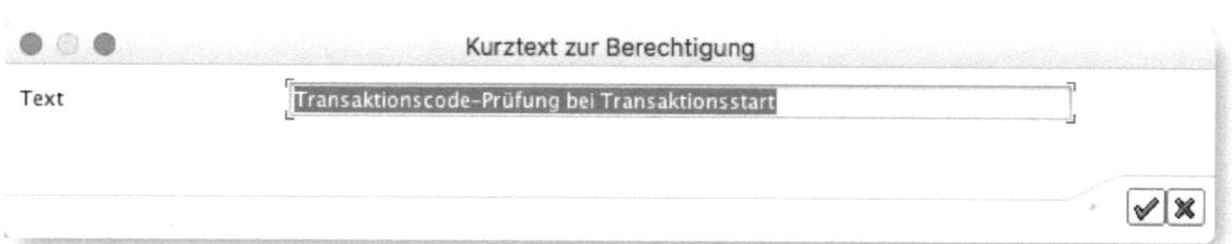

Abbildung 3.16: Hinterlegen eines eigenen Berechtigungstextes

Der Button ORGEBENEN aus Abbildung 3.13 öffnet ein Fenster (Abbildung 3.17) mit allen über die Berechtigungsfelder in der Rolle enthaltenen Orgebenen.

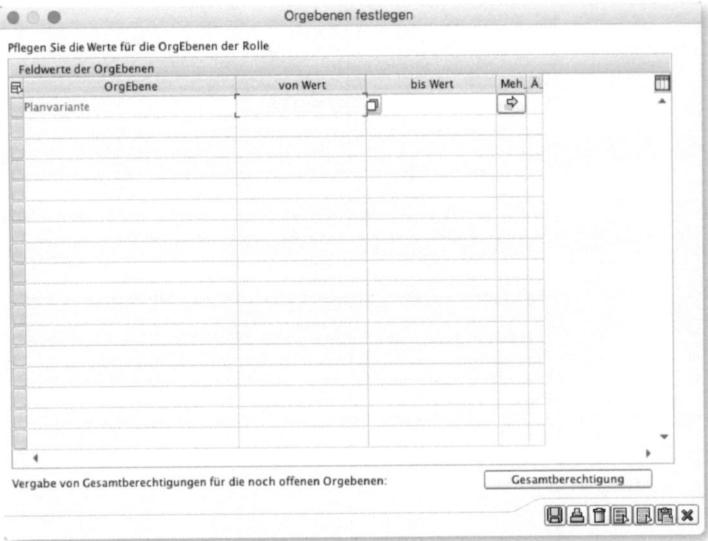

Abbildung 3.17: Pflege der Orgebenen im Pop-up

Die Pflege des Feldes über das Pop-up führt zur Übertragung der Werte in die einzelnen Berechtigungsfelder (Abbildung 3.18, Felder ❶ und ❷).

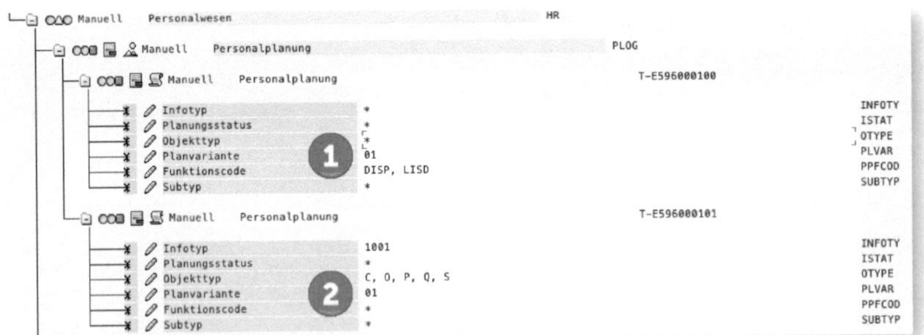

Abbildung 3.18: Übertrag des Orgebenenfeldes in die Berechtigungsobjekte

Nach der Pflege der Felder erkennen Sie rein optisch nicht mehr, dass es sich um Orgebenen handelt. Vor der Pflege wurde Ihnen das Feld mit dem technischen Namen, zu erkennen am vorangestellten $-Zeichen, dargestellt.

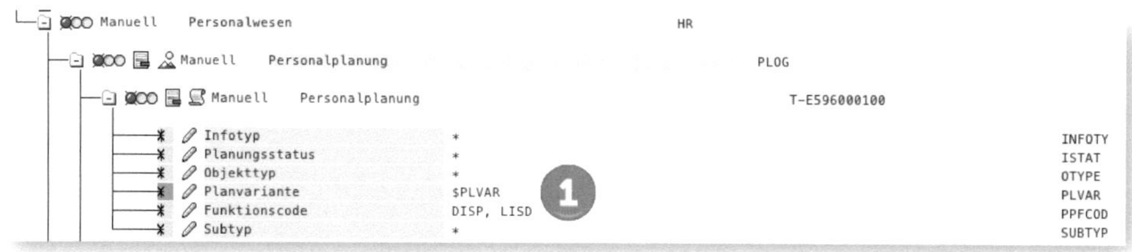

Abbildung 3.19: Darstellung von Orgebenen vor der Pflege

Auswertungen über den Inhalt von Rollen

Wollen Sie selbst Auswertungen über den Inhalt von Rollen entwickeln, sollten Sie beachten, dass in der Tabelle AGR_1251 lediglich die Kennzeichnung der Organisationsebene enthalten ist. Den gepflegten Inhalt finden Sie in der Tabelle AGR_1252.

Organisationsebenen anlegen

Mit dem Report PFCG_ORGFIELD_CREATE (Abbildung 3.20) können Sie eigene Orgebenen im System erstellen. Er legt ein Orgebenenfeld zu einem existierenden Berechtigungsfeld an, wodurch alle betroffenen Rollen analysiert und die Berechtigungsdaten angepasst werden.

Gelöschte Vorschlagswerte

Es ist zu beachten, dass die Berechtigungsvorschlagswerte (Transaktion SU24), die SAP zu einem Berechtigungsfeld ausliefert, bei der Anlage eines Orgebenenfeldes mittels des Reports PFCG _ORGFIELD_CREATE gelöscht werden.

Als Beispiel wollen wir nun das Berechtigungsfeld PERSA (Personalbereich) als Orgebenenfeld anlegen. Hierzu tragen wir den Namen in den Parameter FELD ein. In früheren Releases gab es keine Möglichkeit der TRANSPORTAUFZEICHNUNG, und die Aktion musste auf allen Systemen der Landschaft ausgeführt werden. Zu Beginn empfiehlt es sich, den Report im TESTMODUS zu starten.

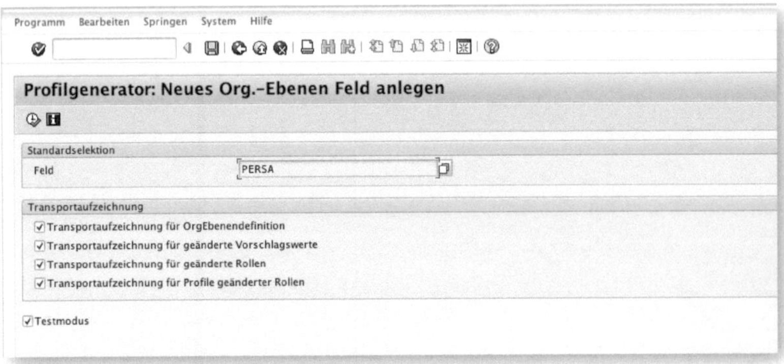

Abbildung 3.20: Selektionsbild des Reports PFCG_ORGFIELD_CREATE

Als Ergebnis erscheint eine Übersicht mit allen Rollen, die das Berechtigungsfeld enthalten, und es wird eine eventuelle Anpassung der Werte vorgenommen, d. h., aus den bisher als normales Berechtigungsfeld enthaltenen Feldern wird jeweils eine Orgebene generiert (Abbildung 3.21).

Sollte es bei der Ausgabe keine Fehler oder Auffälligkeiten geben, kann der Report erneut (ohne Testmodus) ausgeführt werden.

Zeitpunkt zur Generierung von Organisationsebenen

Der optimale Zeitpunkt zur Generierung von Orgebenen ist vor der Anlage kundeneigener Rollen im System, die das Berechtigungsfeld für die Umwandlung enthalten. So kann der Aufwand für die Prüfung und Analyse des Ergebnisses des Reports PFCG_ORGFIELD_CREATE gering gehalten werden.

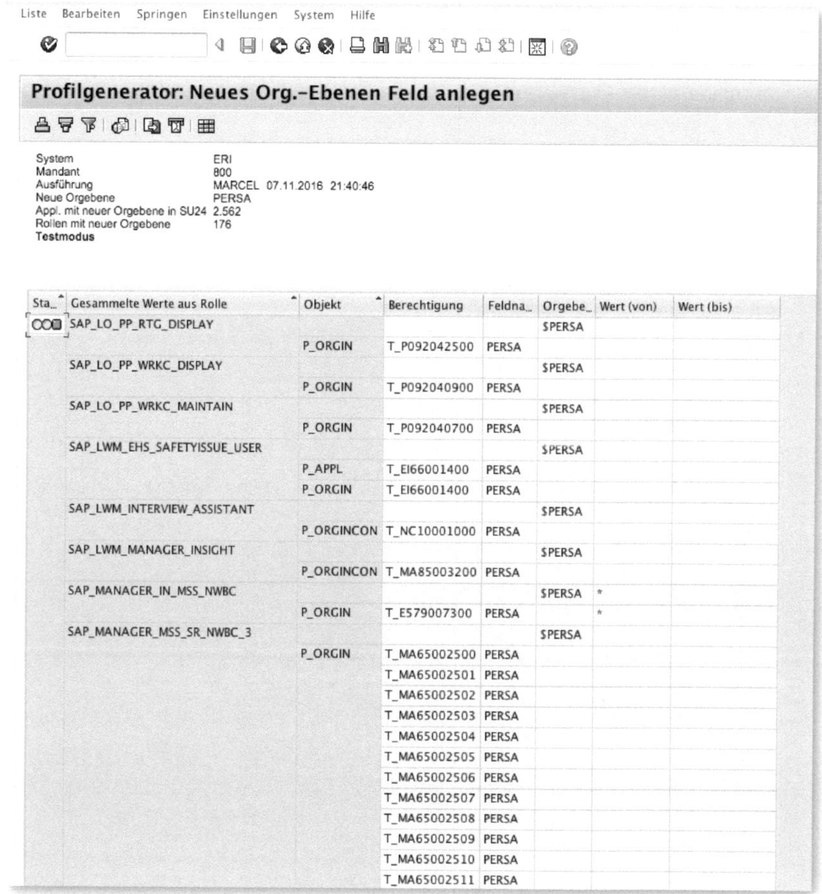

Sta..	Gesammelte Werte aus Rolle	Objekt	Berechtigung	Feldna..	Orgebe..	Wert (von)	Wert (bis)
	SAP_LO_PP_RTG_DISPLAY				$PERSA		
		P_ORGIN	T_P092042500	PERSA			
	SAP_LO_PP_WRKC_DISPLAY				$PERSA		
		P_ORGIN	T_P092040900	PERSA			
	SAP_LO_PP_WRKC_MAINTAIN				$PERSA		
		P_ORGIN	T_P092040700	PERSA			
	SAP_LWM_EHS_SAFETYISSUE_USER				$PERSA		
		P_APPL	T_EI66001400	PERSA			
		P_ORGIN	T_EI66001400	PERSA			
	SAP_LWM_INTERVIEW_ASSISTANT				$PERSA		
		P_ORGINCON	T_NC10001000	PERSA			
	SAP_LWM_MANAGER_INSIGHT				$PERSA		
		P_ORGINCON	T_MA85003200	PERSA			
	SAP_MANAGER_IN_MSS_NWBC				$PERSA	*	
		P_ORGIN	T_E579007300	PERSA		*	
	SAP_MANAGER_MSS_SR_NWBC_3				$PERSA		
		P_ORGIN	T_MA65002500	PERSA			
			T_MA65002501	PERSA			
			T_MA65002502	PERSA			
			T_MA65002503	PERSA			
			T_MA65002504	PERSA			
			T_MA65002505	PERSA			
			T_MA65002506	PERSA			
			T_MA65002507	PERSA			
			T_MA65002508	PERSA			
			T_MA65002509	PERSA			
			T_MA65002510	PERSA			
			T_MA65002511	PERSA			

Abbildung 3.21: Ergebnis des Reports PFCG_ORGFIELD_CREATE

Löschen von Organisationsebenen

Mit dem Report PFCG_ORGFIELD_DELETE (Abbildung 3.22) können die von Kunden im System angelegten Organisationsebenen wieder gelöscht werden.

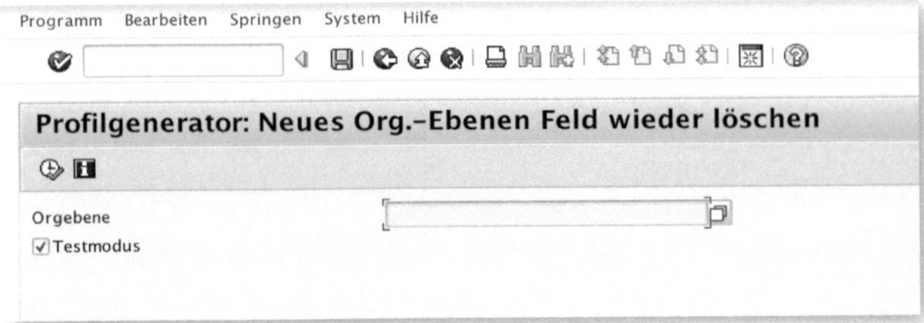

Abbildung 3.22: Selektionsbild des Reports PFCG_ORGFIELD_DELETE

Anpassung nach Upgrade

Der Report PFCG_ORGFIELD_UPGRADE (Abbildung 3.23) wird dazu verwendet, um nach einem System-Upgrade die ausgelieferten Berechtigungsvorschläge für die Orgebenenfelder auf die selbst erstellten Orgebenen umzustellen.

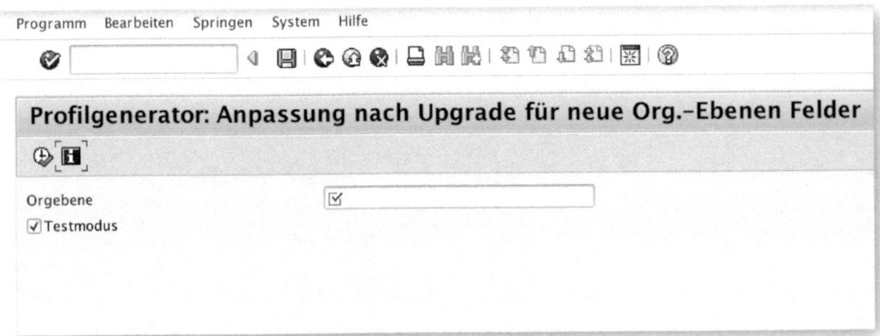

Abbildung 3.23: Selektionsbild des Reports PFCG_ORGFIELD_UPGRADE

3.2 HR-Berechtigungshauptschalter

Bei den HR-Berechtigungshauptschaltern handelt es sich um zentrale Systemschalter in der Tabelle T77S0 zur Steuerung der Berechtigungsprüfungen im HCM. Dieses Vorgehen wurde von der SAP entwickelt, um den unterschiedlichen und zum Teil sehr individuellen

Anforderungen der Unternehmen an die Berechtigungssteuerung gerecht zu werden und diese ohne größere Modifikationen nutzen zu können.

Nachdem die einzelnen Fachteams ihre Anforderungen an die Steuerung der Berechtigungen erfasst haben, kann das Berechtigungsteam die *HR-Berechtigungshauptschalter* im System setzen. Abbildung 3.24 zeigt das Einstiegsbild zu deren Pflege nach dem Aufruf der Transaktion OOAC. Diese Transaktion liefert lediglich einen View auf die für das HCM-Berechtigungswesen relevanten Schalter der GRUPPE AUTSW in der Tabelle T77S0.

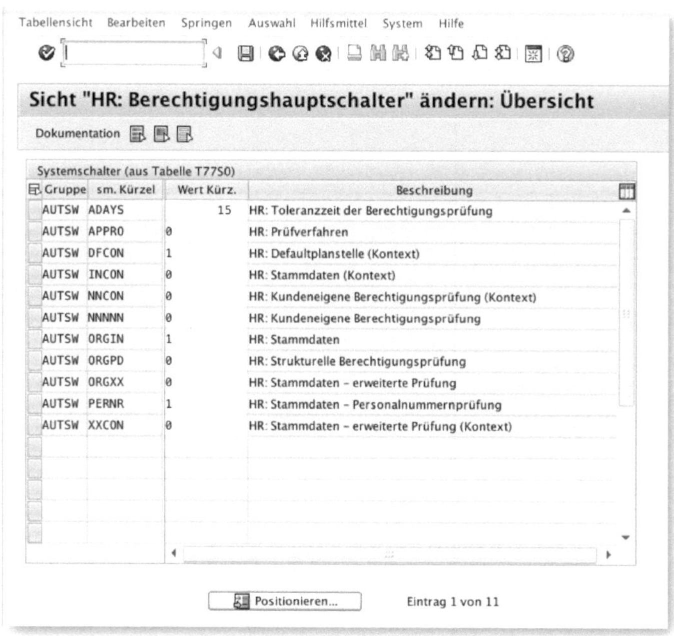

Abbildung 3.24: Einstiegsbild der Transaktion OOAC

Bei dieser Aktivität handelt es sich um Customizing, das auf dem Entwicklungssystem durchgeführt und anschließend über die Test- und Qualitätssicherungssysteme nach »Produktion« transportiert wird.

3.2.1 Hauptschalter ADAYS (HR: Toleranzzeit der Berechtigungsprüfung)

Über den Hauptschalter *ADAYS* erfolgt die Angabe in Tagen, wie lange nach einem organisatorischen Wechsel eines Mitarbeiters die ehemals zuständigen Benutzer noch Zugriff auf dessen Daten haben. Weitere Informationen sind im Abschnitt 3.3 beschrieben.

3.2.2 Hauptschalter APPRO (HR: Prüfverfahren)

Über diesen Schalter wird die Prüfung des *Infotyps 0130* (Datenprüfung des Mitarbeiters) aktiviert. Das Prüfverfahren muss dazu im Customizing der Personaladministration definiert sein. Die Abbildung 3.25 zeigt den Einstieg zum Customizing der Prüfverfahren.

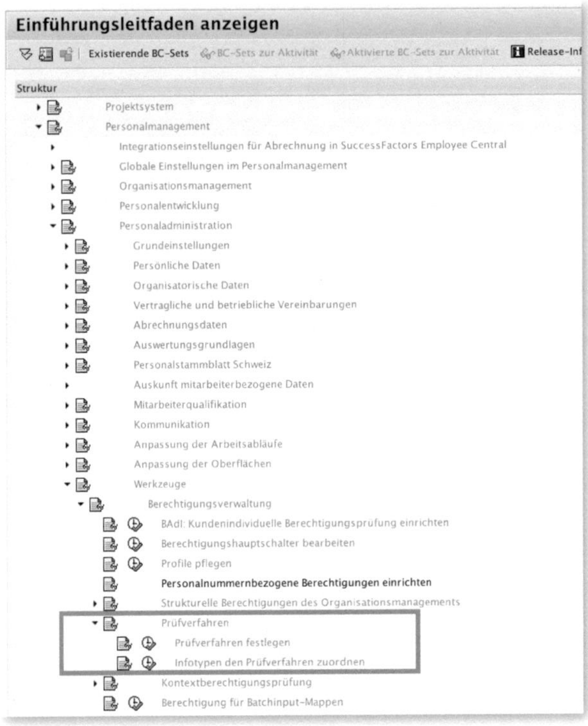

Abbildung 3.25: Customizing der Prüfverfahren

Mittels Infotyp 0130 können Sie pro Mitarbeiter hinterlegen (dies erfolgt als Subtyp zum Infotyp 0130), ob und bis zu welchem Zeitpunkt Prüfungen durch einen Prüfer stattgefunden haben. Über das Customizing könnte so z. B. festgelegt werden, dass Daten, die vor einer abgeschlossenen Prüfung liegen, durch die Sachbearbeiter nicht geändert werden dürfen. Weitere Informationen und Beispiele sind in der Dokumentation des Customizing-Schrittes enthalten.

3.2.3 Hauptschalter DFCON (HR: Defaultplanstelle [Kontext])

Im Rahmen der *Kontextprüfung* (siehe Abschnitt 4.5) wird der Umgang mit Personalnummern festgelegt, die nicht mit der Organisationsstruktur des Organisationsmanagements verknüpft, also keiner SAP-Planstelle bzw. nur der Default-Planstelle zugeordnet sind. Die möglichen Schalterstellungen und Auswirkungen finden Sie in Abschnitt 3.2.8.

3.2.4 Hauptschalter INCON (HR: Stammdaten [Kontext])

Der Berechtigungshauptschalter *INCON* aktiviert die Verwendung des Berechtigungsobjektes P_ORGINCON, das im Bereich der kontextsensitiven Berechtigungen verwendet wird. Dieses Konzept wird im Abschnitt 4.5 erläutert. Die Beschreibung des Berechtigungsobjektes P_ORINGCON finden Sie in Abschnitt 4.5.2.

3.2.5 Hauptschalter NNCON – HR: Kundeneigene Berechtigungsprüfung (Kontext)

Über den Schalter *NNCON* können Sie die kontextsensitive Berechtigungsprüfung für ein kundeneigenes Berechtigungsobjekt aktivieren. Das Vorgehen und die Anlage eines solchen Berechtigungsobjektes ist im Abschnitt 3.5.1 beschrieben. Wichtige Voraussetzung ist, dass das kundeneigene Berechtigungsobjekt zur Verwendung mit dem Parameter »Mit Kontext« (Abbildung 3.46) angelegt wird.

3.2.6 Hauptschalter NNNNN (HR: kundeneigene Berechtigungsprüfung)

Der Schalter *NNNNN* aktiviert die Verwendung eines kundeneigenen Berechtigungsobjektes. Weitere Informationen finden Sie im Abschnitt 3.5.1 beschrieben.

3.2.7 Hauptschalter ORGIN (HR: Stammdaten)

Der Hauptschalter *ORGIN* aktiviert die Verwendung des Berechtigungsobjektes P_ORGIN. Dieses Objekt wird von der Berechtigungsprüfung für Personalstammdaten verwendet, die stattfindet, wenn Infotypen gelesen oder bearbeitet werden. Nach dem Aufruf einer Transaktion, mit der Personaldaten bearbeitet werden können, prüft das System zunächst, ob die Leseberechtigung vorliegt. Ist dies der Fall, wird die weitere Berechtigungsprüfung durchgeführt. Zu diesem Objekt definierte Felder sind die Infotypen mit den dazugehörigen Subtypen, dem Berechtigungslevel und Personalbereich, der Mitarbeitergruppe, dem Mitarbeiterkreis sowie dem Organisationsschlüssel.

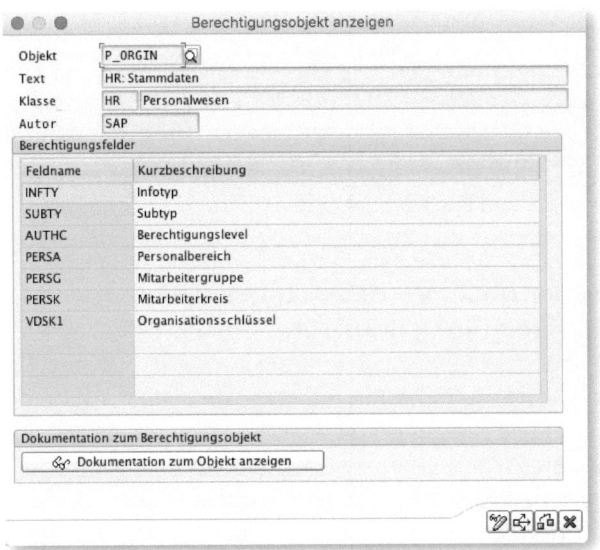

Abbildung 3.26: Berechtigungsobjekt P_ORGIN

3.2.8 Hauptschalter ORGPD (HR: strukturelle Berechtigungsprüfung)

Bei der Verwendung von strukturellen Berechtigungsprüfungen (siehe Kapitel 4) wird über diesen Schalter gesteuert, wie mit Personalfällen umgegangen wird, die nicht über eine Planstelle mit der Organisationsstruktur verknüpft sind. Tabelle 3.2 zeigt die möglichen Schalterstellungen.

Schalterstellung	Bedeutung
1	Der Zugriff auf die Organisationseinheit im Mitarbeiterstamm wird geprüft.
2	Keine Auswertung des Zugriffs auf die Organisationseinheit. Der Zugriff auf Personen ohne Planstelle wird abgelehnt.
3	Der Zugriff auf die Organisationseinheit wird ausgewertet, wenn diese im Mitarbeiterstamm hinterlegt ist. Der Zugriff auf Mitarbeiter ohne Zuordnung wird gewährt.
4	Keine Auswertung der Organisationseinheit im Mitarbeiterstamm. Der Zugriff auf Personen ohne Planstallen wird gewährt.

Tabelle 3.2: Mögliche Schalterstellungen für ORGPD und DFCON

3.2.9 Hauptschalter ORGXX (HR: Stammdaten – erweiterte Prüfung)

Der Hauptschalter *ORGXX* aktiviert die Verwendung des Berechtigungsobjektes P_ORGXX. Dieses Objekt enthält Felder für die Sachbearbeiter der zu editierenden Person (siehe Abbildung 3.27): Sachbearbeiter Abrechnung [SACHA], Sachbearbeiter Zeiterfassung [SACHZ], Sachbearbeiter Personalstammdaten [SACHP] und Sachbearbeitergruppe [SBMOD]). Es kann zusätzlich zu P_ORGIN oder, je nach Anforderung durch die Fachteams, als Ergänzung für den Zugriff auf die Mitarbeiterdaten verwendet werden.

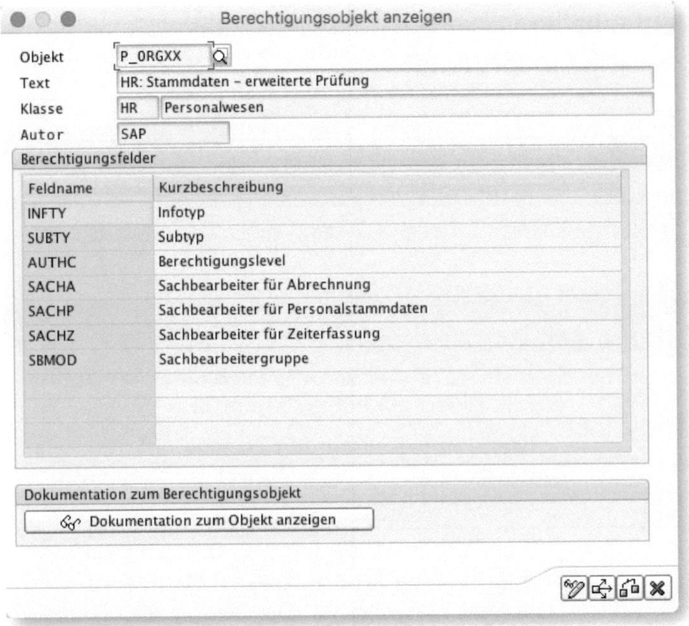

Berechtigungsobjekt anzeigen

Objekt P_ORGXX
Text HR: Stammdaten - erweiterte Prüfung
Klasse HR Personalwesen
Autor SAP

Berechtigungsfelder

Feldname	Kurzbeschreibung
INFTY	Infotyp
SUBTY	Subtyp
AUTHC	Berechtigungslevel
SACHA	Sachbearbeiter für Abrechnung
SACHP	Sachbearbeiter für Personalstammdaten
SACHZ	Sachbearbeiter für Zeiterfassung
SBMOD	Sachbearbeitergruppe

Dokumentation zum Berechtigungsobjekt

Dokumentation zum Objekt anzeigen

Abbildung 3.27: Berechtigungsobjekt P_ORGXX

3.2.10 Hauptschalter PERNR (HR: Stammdaten – Personalnummernprüfung

Das Berechtigungsobjekt *P_PERNR* (Abbildung 3.28) regelt die Zugriffsberechtigung für die eigene Personalnummer. Sie können den Zugriff auf die Info- und Subtypen der eigenen Personalnummer ausschließen oder ermöglichen. Dieser Ein- bzw. Ausschluss erfolgt über das Feld PSIGN. Dies bildet eine Besonderheit gegenüber den übrigen Berechtigungsobjekten, da hier ein Zugriff verweigert werden kann, wohingegen alle anderen Berechtigungsobjekte immer nur positive Benutzer-Berechtigungen erteilen können.

Damit das System ermitteln kann, welches der zum Benutzer gehörige Personalfall ist, muss der Infotyp 0105 – Subtyp 0001, wie in der Abbildung 3.29 zu sehen, gepflegt werden.

Berechtigungsobjekt anzeigen

Objekt: P_PERNR
Text: HR: Stammdaten - Personalnummernprüfung
Klasse: HR Personalwesen
Autor: SAP

Berechtigungsfelder

Feldname	Kurzbeschreibung
AUTHC	Berechtigungslevel
PSIGN	Interpretation einer zugeordneten Personalnummer
INFTY	Infotyp
SUBTY	Subtyp

Dokumentation zum Berechtigungsobjekt

Dokumentation zum Objekt anzeigen

Abbildung 3.28: Berechtigungsobjekt P_PERNR

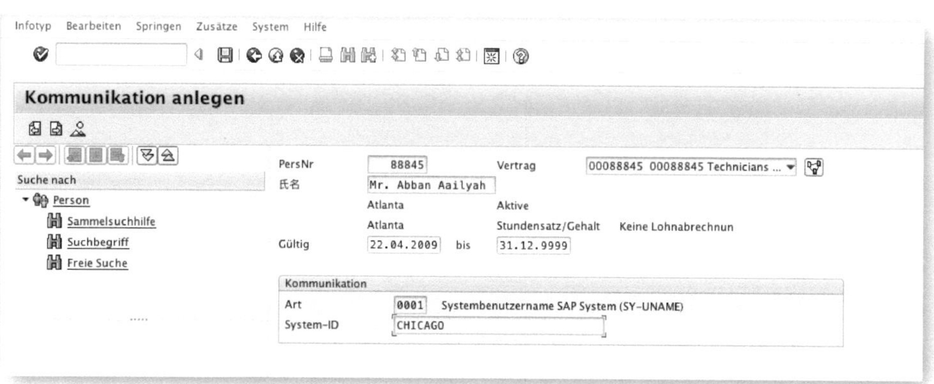

Abbildung 3.29: Pflege des Infotyps 0105 – Subtyp 0001

Außerdem wird diese Zuordnung im Portal für die Standard-ESS- und MSS-Szenarien verwendet (siehe Kapitel 5).

Fehlende Zuordnung von Benutzern zu Personalfall

Bei einer fehlenden Zuordnung im Infotyp 0105 – Subtyp 0001 besteht die Gefahr, dass Mitarbeiter ungewollt ihre eigenen Stammdaten ändern können.

3.2.11 Hauptschalter XXCON (HR: Stammdaten – erweiterte Prüfung [Kontext])

Der Berechtigungshauptschalter *XXCON* steuert den Einsatz des Berechtigungsobjektes P_ORGXXCON (Abbildung 3.30). Dieses bildet das kontextsensitive Pendant zum Berechtigungsobjekt P_ORGXX.

Berechtigungsobjekt anzeigen

Objekt: P_ORGXXCON
Text: HR: Stammdaten - erweiterte Prüfung mit Kontext
Klasse: HR Personalwesen
Autor: SAP

Berechtigungsfelder

Feldname	Kurzbeschreibung
INFTY	Infotyp
SUBTY	Subtyp
AUTHC	Berechtigungslevel
SACHA	Sachbearbeiter für Abrechnung
SACHP	Sachbearbeiter für Personalstammdaten
SACHZ	Sachbearbeiter für Zeiterfassung
SBMOD	Sachbearbeitergruppe
PROFL	Berechtigungsprofil

Dokumentation zum Berechtigungsobjekt

Dokumentation zum Objekt anzeigen

Abbildung 3.30: Berechtigungsobjekt P_ORGXXCON

3.3 Toleranzzeit der Berechtigungsprüfung

Die *Toleranzzeit* der Berechtigungsprüfung kann dazu genutzt werden, dass etwa bei einem organisatorischen Wechsel der bisherige Sachbearbeiter laufende Prozesse abschließen kann. Die Wirkung des Schalters möchte ich an einem Beispiel verdeutlichen.

Toleranzzeit Lese- und Schreibzugriff

In Abbildung 3.31 wird der organisatorische Wechsel eines Mitarbeiters zum 31.12.2016 gezeigt. Sachbearbeiter A hat vollen Lese- und Schreibzugriff bis zum Ende der eingestellten Toleranzzeit (im Beispiel 01.04.2017).

Sachbearbeiter B hat ab dem 01.01.2017 vollen Lese- und Schreibzugriff. Für den Zeitraum 01.01. bis 01.04.2017 haben der Sachbearbeiter A und der Sachbearbeiter B für den Mitarbeiter vollen Lese- und Schreibzugriff. Sachbearbeiter A behält (dauerhaft) Lesezugriff für Datensätze des Mitarbeiters vor dem 01.01.2017.

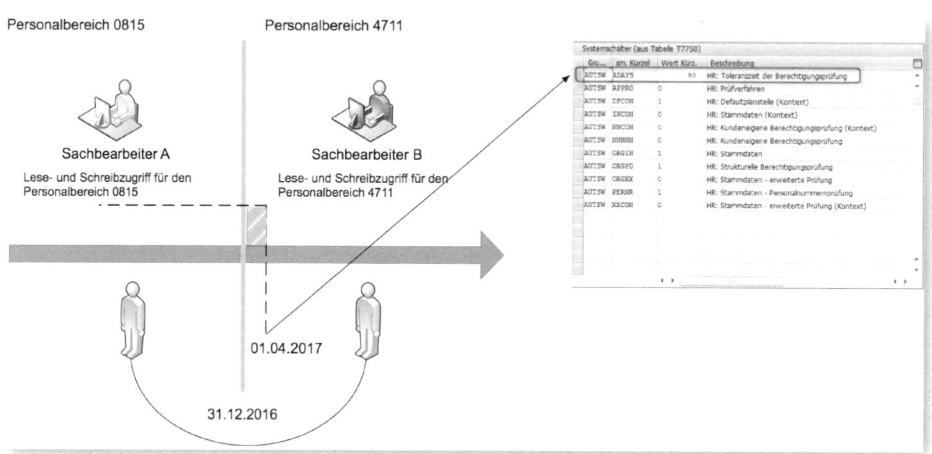

Abbildung 3.31: Beispiel für Toleranzzeit einer Berechtigungsprüfung

3.4 Vier-Augen-Prinzip

Für die Datenerfassung und -änderung besonders sensibler Daten kann die Berechtigungssteuerung so eingestellt werden, dass immer zwei Mitarbeiter für die Datenpflege erforderlich sind. Ein Mitarbeiter pflegt die Daten, und ein anderer kontrolliert die erfassten Daten auf ihre Richtigkeit hin. Hierbei ist es wichtig, dass das *Vier-Augen-Prinzip* kein generell für die tägliche Datenpflege anzuwendendes Verfahren ist. Es kann jedoch für besondere Konstellationen, wie z. B. für die Auszahlung eines Vorschusses oder die Gewährung eines Darlehens, verpflichtend gemacht werden. Das Verfahren können Sie einfach über die Vergabe unterschiedlicher Werte im Berechtigungsfeld AUTHC (vgl. Abschnitt 1.2.7) implementieren. Beim Vier-Augen-Prinzip werden das symmetrische und das asymmetrische Verfahren unterschieden, die ich im Folgenden erläutere.

3.4.1 Symmetrisches Vier-Augen-Prinzip

Bei Einsatz des *symmetrischen Vier-Augen-Prinzips* ist die Aufgabenverteilung zwischen zwei Benutzern immer vorgegeben (Abbildung 3.32). Hierbei erfasst/ändert stets Benutzer A die Datensätze, während die Kontrolle und Freigabe der Datensätze immer von Benutzer B erfolgt.

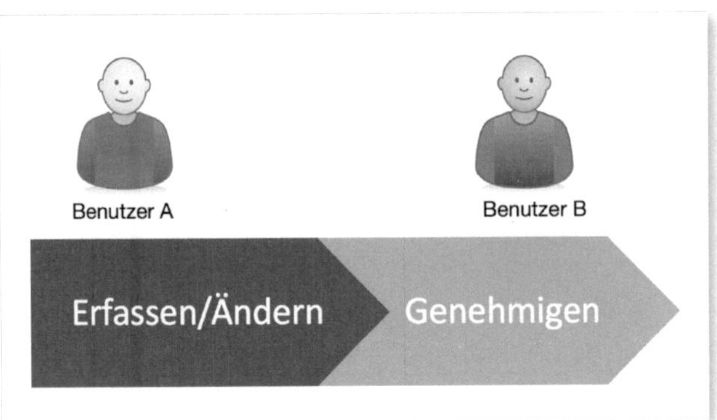

Abbildung 3.32: Symmetrisches Vier-Augen-Prinzip

Um dieses Systemverhalten zu erzeugen, muss dem Benutzer A in unserem Beispiel für den Infotyp 0045 (Darlehen) das Berechtigungslevel E »gesperrt schreiben« zugeordnet werden, wie in Abbildung 3.33 im Feld AUTHC ❶ zu sehen.

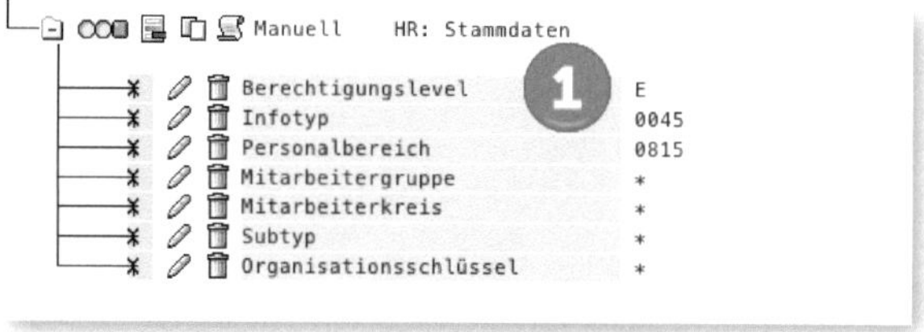

Abbildung 3.33: Berechtigungsvergabe symmetrisch – Benutzer A

Der Benutzer B benötigt für den Infotyp 0045 (Darlehen) das Berechtigungslevel D »Ändern des Sperrkennzeichens« (Abbildung 3.34), um den gesperrten Datensatz freizugeben.

Abbildung 3.34: Berechtigungsvergabe symmetrisch – Benutzer B

3.4.2 Asymmetrisches Vier-Augen-Prinzip

Im Gegensatz zum symmetrischen ist beim *asymmetrischen Vier-Augen-Prinzip* die Rollenverteilung zwischen Benutzer A und Benutzer B nicht durch die Berechtigungsvergabe vorgegeben (Abbildung 3.35). Beide Benutzer können sowohl Datensätze »gesperrt erfassen/ändern« als auch freigeben. Es wird jedoch durch das System sichergestellt, dass immer zwei Benutzer an dem Prozess beteiligt sind.

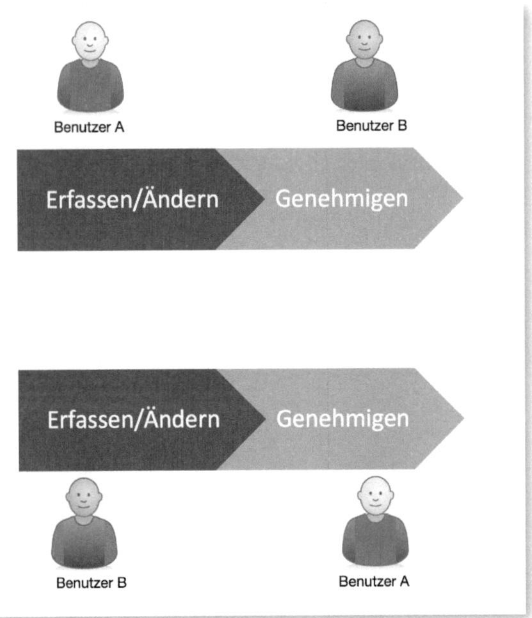

Abbildung 3.35: Asymmetrisches Vier-Augen-Prinzip

Für dieses Systemverhalten muss beiden Benutzern A und B im Berechtigungslevel für den Infotyp der Wert »S« (siehe Abbildung 3.36, Feld ❶) zugeordnet werden.

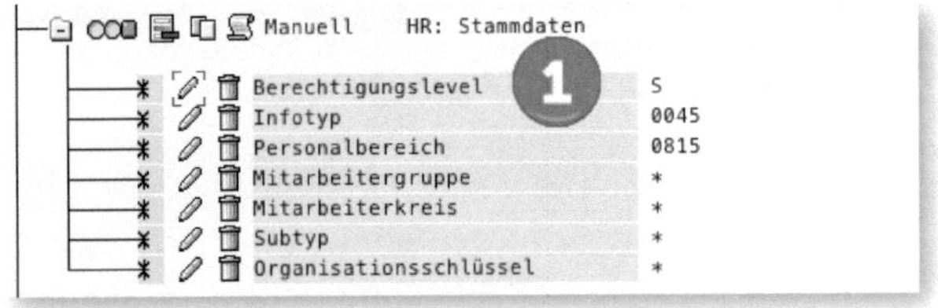

Abbildung 3.36: Berechtigungsvergabe asymmetrisch – Benutzer A und Benutzer B

3.5 Eigene Berechtigungsobjekte anlegen

In den unterschiedlichen SAP-Modulen werden immer mal wieder kundeneigene Berechtigungsobjekte angelegt. Um deren Prüfung sicherzustellen, müssen von Entwicklern die Prüfungen auf dieses Berechtigungsobjekt in kundeneigene Programme eingebaut sowie in die von SAP ausgelieferten Standardprogramme aufgenommen werden (sofern dies gewünscht ist). Im SAP HCM besteht allerdings die Möglichkeit, ein kundeneigenes Berechtigungsobjekt anzulegen und für den Einsatz in den Standard-Berechtigungsprüfungen generieren zu lassen. Dieses Vorgehen ist im Abschnitt 3.5.1 beschrieben.

3.5.1 Beispiel zur Anlage eines kundeneigenen Berechtigungsobjektes

In diesem Beispiel möchte ich die Schritte zur Anlage eines kundeneigenen Berechtigungsobjektes zur Verwendung in den Standardprüfungen sowie die dafür notwendigen Codegenerierung vorstellen.

Szenario für die Anlage eines kundeneigenen Berechtigungsobjektes

Durch die Fachteams wird die Anforderung gestellt, die Berechtigungssteuerung zusätzlich über das Feld Personalteilbereich (technisches Feld BTRTL) aus dem Infotyp **0001** auszusteuern (siehe Abbildung 3.37). Dieses Feld existiert in keinem der im SAP-Standard vorhandenen Berechtigungsobjekte und muss daher in einem kundeneigenen Berechtigungsobjekt abgebildet werden.

Als ersten Schritt müssen Sie die technischen Informationen des Feldes Teilber. (Personalteilbereich) ermitteln. Hierzu können Sie den Infotyp z. B. in der PA20 (»einen Personalfall anzeigen«) öffnen.

Unternehmensstruktur

BuKr.	1000	BestRun Germany	JurPerson	0001	
PersBereich	DE01	Öffentlicher Dienst	Teilber.	1000	Walldorf
Kostenst.			GeschBer.		

Personalstruktur

MAGruppe	1	Aktive	AbrKreis	ÖA	MonatlicheLohnabr.VE
MitarbKreis	OR	Angestellte Oed	AnstVerh.		

Aufbauorganisation

ProzSatz	100,00
Planstelle	99999999
Stelle	00000000
OrgEinheit	00000000
OrgSchl.	DE01

Sachbearbeiter

Gruppe	DE01
Personal	
Zeiterf.	
Abrechnung	
Meisterber	

Dienstart / Unterdienstart

Katalog	01 Krankenhaus			
Dienstart	07 Verwaltungsdienst	UntDart.	01 Verwaltungsassistentin	

Abbildung 3.37: Feld »Personalteilbereich« im Infotyp 0001

Anschließend klicken Sie in das Feld und öffnen die F1-Hilfe. Im oberen Bereich können Sie sich nun, wie in Abbildung 3.38 zu sehen, die TECHNISCHE INFO zum Feld anzeigen lassen.

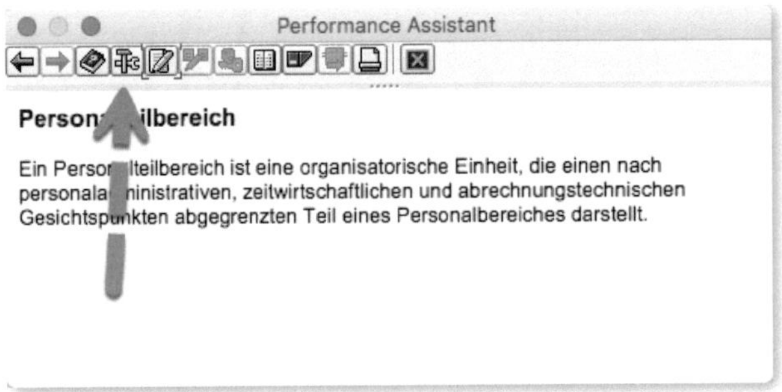

Abbildung 3.38: F1-Hilfe zum Feld anzeigen

In der TECHNISCHEN INFO finden Sie die benötigte Information zum DATENELEMENT, in unserem Beispiel BTRTL (Abbildung 3.39).

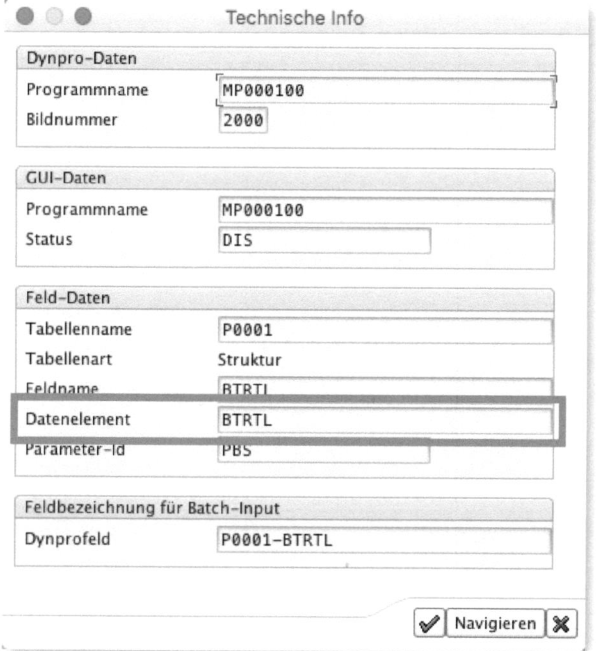

Abbildung 3.39: Datenelement zum Feld »Personalteilbereich«

Mit dieser Information gehen Sie zum nächsten Schritt, der Anlage des neuen Berechtigungsobjektes.

Berechtigungsobjekt in der SU21 anlegen

Starten Sie die Transaktion SU21, und scrollen Sie zur OBJEKTKLASSE HR (Abbildung 3.40). Anschließend wählen Sie über das Kontextmenü den Punkt BERECHTIGUNGSOBJEKT ANLEGEN.

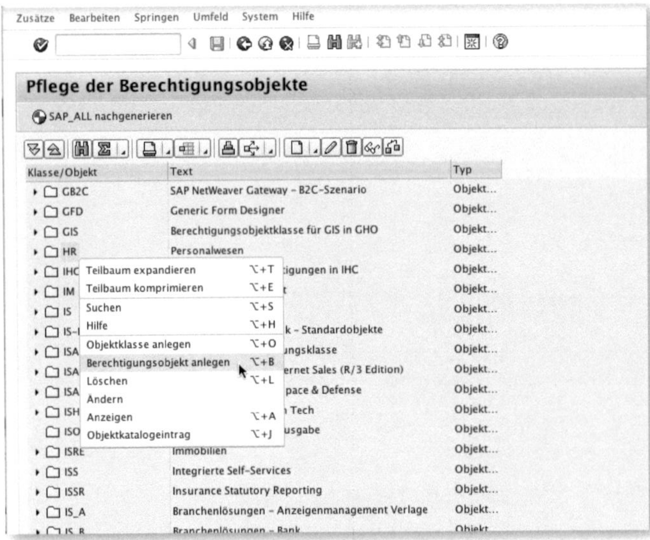

Abbildung 3.40: Berechtigungsobjekt anlegen

In das sich öffnende Pop-up (Abbildung 3.41) tragen Sie den Namen für das OBJEKT P_NNNNNCON ein und vergeben eine Bezeichnung.

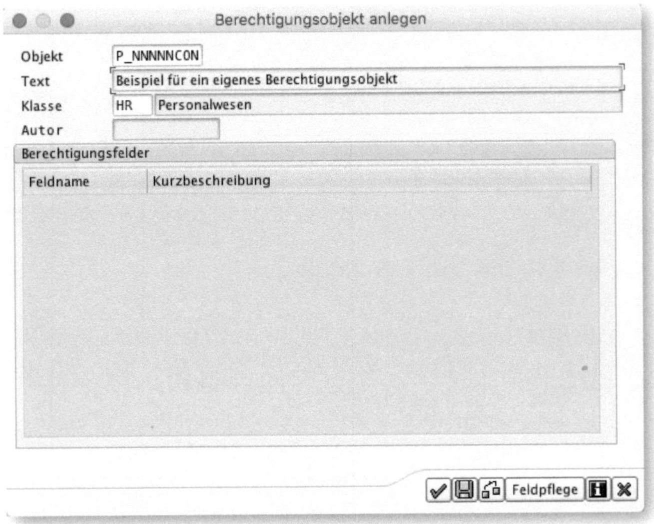

Abbildung 3.41: Berechtigungsobjekt P_NNNNNCON anlegen

Wenn Sie das Berechtigungsobjekt speichern, werden Sie – sofern für Ihren Benutzer keiner registriert ist – zur Eingabe eines ZUGANGSSCHLÜSSELS für das Objekt aufgefordert ❶. Dieser Objektschlüssel ist notwendig, da das Berechtigungsobjekt im Namensraum des SAP-Standards angelegt wird und es sich somit technisch gesehen um eine Modifikation sowie um ein Element aus dem Data Dictionary handelt. Für die Anlage solcher Objekte ist ein Entwicklerschlüssel notwendig, den Sie für Ihren Benutzer registrieren und in das Eingabefeld ❷ eintragen müssen. Eine Alternative ist, die Anlage des Berechtigungsobjektes von einem Benutzer mit schon vorhandenem Entwicklerschlüssel vornehmen zu lassen.

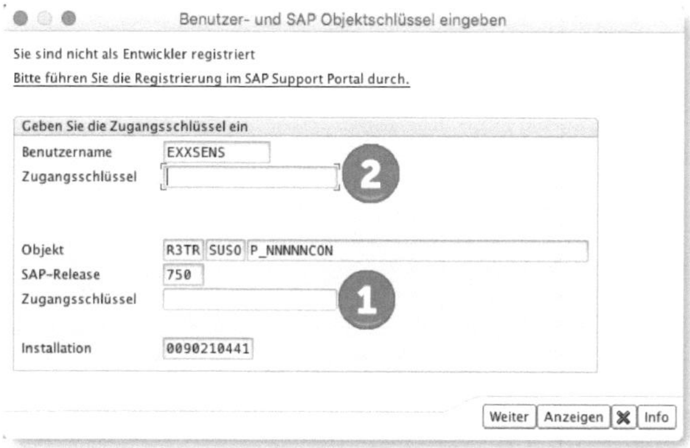

Abbildung 3.42: Entwicklerschlüssel und Objektschlüssel

Die Objektregistrierung für das Berechtigungsobjekt müssen Sie im SAP-Support-Portal über den Link *https://launchpad.support.sap.com/#/sscr/objects/my* vornehmen. Hier müssen Sie, wie in Abbildung 3.43 zu sehen, die Informationen zum Objekt Abbildung 3.42 eintragen und anschließend den Button REGISTRIEREN drücken, um den Vorgang abzuschließen.

Wann ist ein Berechtigungsfeld eine Modifikation?

Da das Berechtigungsobjekt mit dem Namen P_NNNNNCON nicht in einem der beiden Kundennamensräume Z* bzw. Y* angelegt wird, handelt es sich hierbei formal um eine Modifikation.

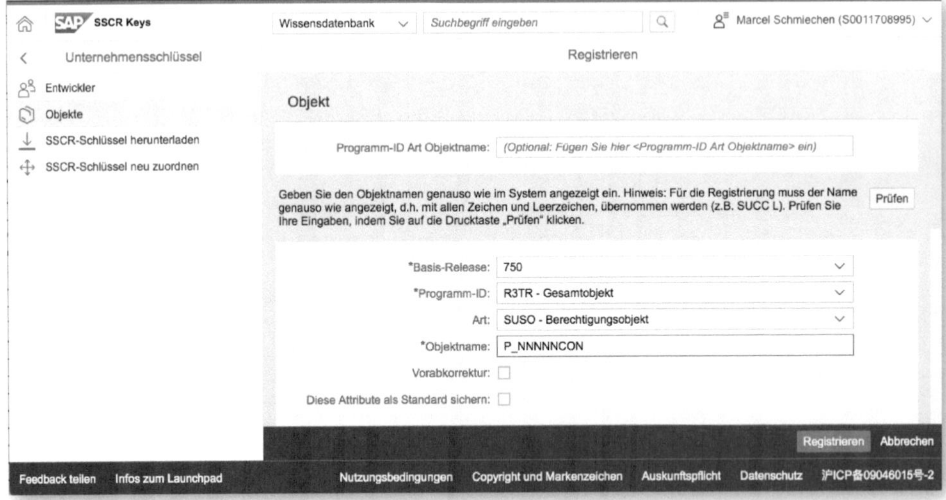

Abbildung 3.43: Objekt im SAP-Support-Portal registrieren

Die Objektregistrierung wird anschließend bestätigt. Sie erhalten in der Hinweismeldung den Objektschlüssel angezeigt und können diesen in das Pop-up in Abbildung 3.42 übernehmen.

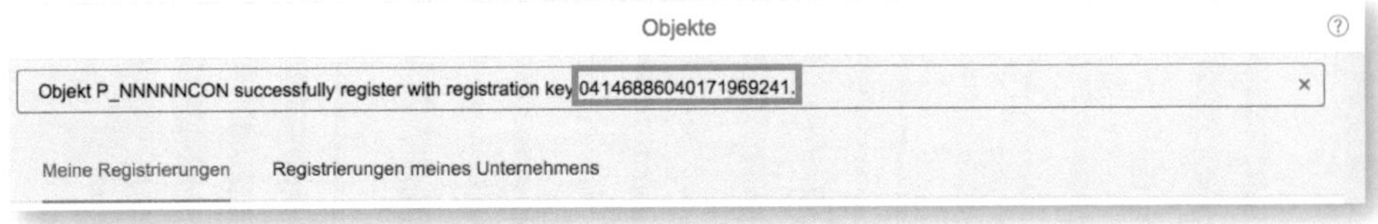

Abbildung 3.44: Registrierungsschlüssel für das Objekt

Nun können wir wieder zurück in unser SAP-System wechseln und die Berechtigungsfelder für unser Beispiel in die Tabelle (Abbildung 3.45) eintragen.

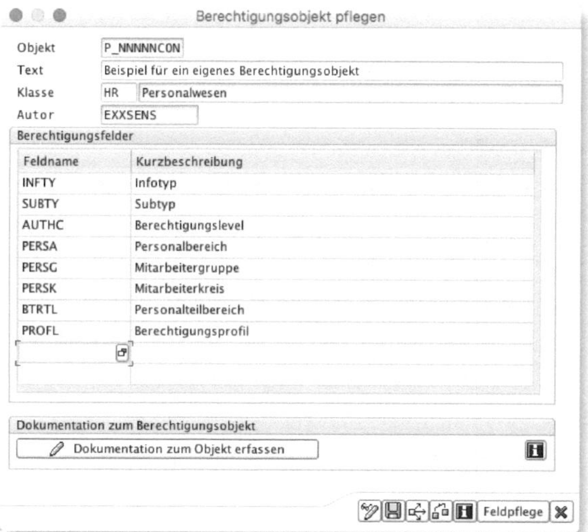

Abbildung 3.45: Gepflegtes Berechtigungsobjekt

Im letzten Schritt wird das Berechtigungsobjekt gespeichert und kann im System verwendet werden.

Report RPUACG00 (Code-Generierung HR-Infotyp-Berechtigungsprüfung)

Nachdem wir das kundeneigene Berechtigungsobjekt P_NNNNNCON im System angelegt haben, muss noch das Coding für die Prüfungen im System hinterlegt werden. In kundeneigenen Entwicklungen wie z.B. Reports müsste das Objekt nun von den Entwicklern entsprechend eingebaut werden. Da es aber in den Standard-Prüfungen der SAP verwendet werden soll, wurde der *Report RPUACG00* von der SAP zur Verfügung gestellt, um das Coding für die notwendigen Prüfungen zu generieren. Die Abbildung 3.46 zeigt den Startbildschirm dieses Reports.

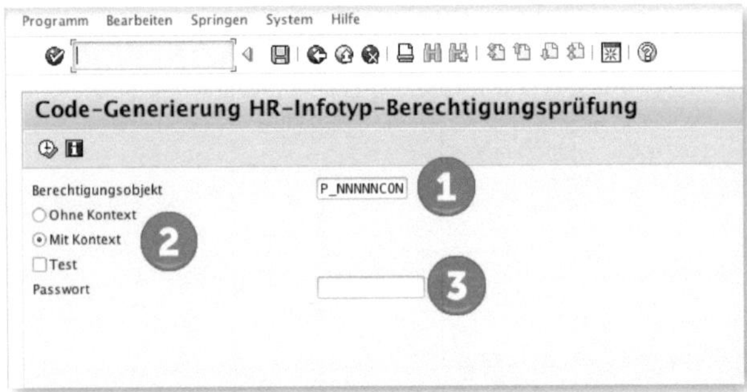

Abbildung 3.46: Startbildschirm des Reports RPUACG00

In das Eingabefeld BERECHTIGUNGSOBJEKT ❶ tragen Sie den Namen des Berechtigungsobjektes ein. In unserem Beispiel ist dies P_NNNNNCON. Über die KONTEXT-Optionsfelder geben Sie an, ob es sich um ein *kontextsensitives Berechtigungsobjekt* handelt oder nicht. Wählen Sie MIT KONTEXT ❷, wird durch das Programm zur Code-Generierung geprüft, ob in Ihrem Berechtigungsobjekt ein Feld PROFL vorhanden ist (bei dieser Auswahl notwendig), es sich also um ein kontextsensitives Berechtigungsobjekt handelt. Sollten Sie hier die falsche Auswahl treffen, also z. B. nach Ihren Anforderungen ein Objekt »ohne Kontext« erstellen wollen, aber trotzdem das Feld PROFL aufgenommen haben, erhalten Sie die Fehlermeldung aus Abbildung 3.47. Das Eingabefeld PASSWORT ❸ müssen Sie mit Ihrem Benutzernamen füllen.

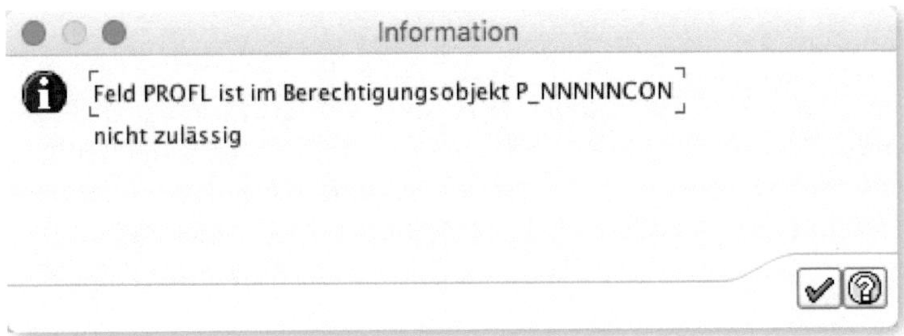

Abbildung 3.47: Fehlermeldung bei Auswahl ohne Kontext

Als Ergebnis des Testlaufs erhalten Sie den Programmcode, der im Echtlauf generiert werden würde (Abbildung 3.48). Im Titel der Ausgabe erkennen Sie, dass durch diesen Test noch kein Update erfolgt ist.

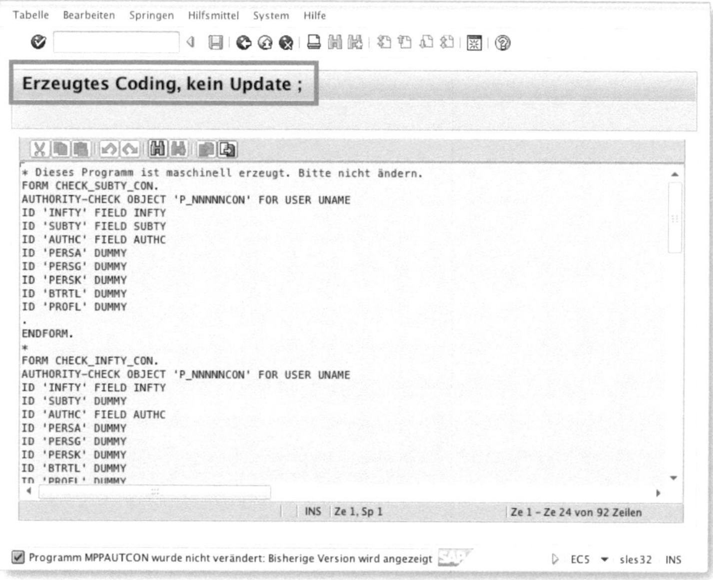

Abbildung 3.48: Testmodus des Programms RPUACG00

Feld PROFL im kundeneigenen Berechtigungsobjekt

Kundeneigene Berechtigungsobjekte mit Kontext müssen immer ein Feld PROFL enthalten. Berechtigungsobjekte ohne Kontext dürfen kein Feld PROFL enthalten.

Damit das Coding nun tatsächlich in das System geschrieben wird, entfernen Sie den Haken im Feld TEST und geben das Passwort in das entsprechende Feld ein. Anschließend werden Sie (Abbildung 3.49) wieder aufgefordert, einen Zugangsschlüssel einzugeben, diesmal für das Programm MPPAUTCON. Dieses wird, wie eben beschrieben, bei der Generierung mit dem Coding für unser Berechtigungsobjekt ersetzt.

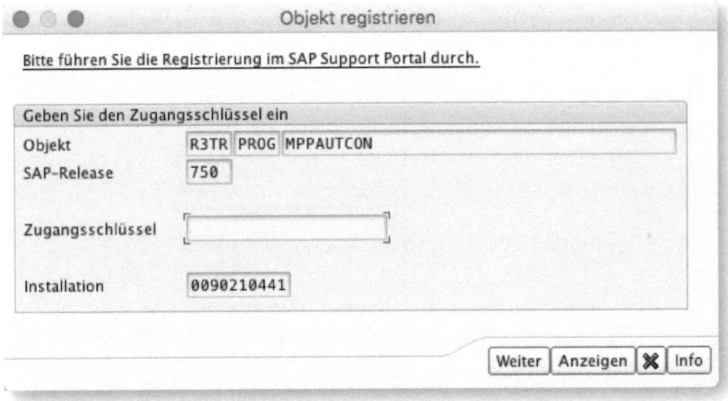

Objekt registrieren

Bitte führen Sie die Registrierung im SAP Support Portal durch.

Geben Sie den Zugangsschlüssel ein

Objekt R3TR PROG MPPAUTCON

SAP-Release 750

Zugangsschlüssel

Installation 0090210441

Weiter Anzeigen Info

Abbildung 3.49: Objektregistrierung für das Programm MPPAUTCON

Aus Anwendersicht gibt es leider kein Protokoll des Reports. Nach erfolgreicher Ausführung gelangen wir auf den Startbildschirm der Transaktion SE38. Hier können Sie aber zur Prüfung, wie in der Abbildung 3.50 zu sehen, über die Eingabe des Programms MPPAUTCON ❶ und Anklicken des Buttons ANZEIGEN ❷ das generierte Programm aufrufen.

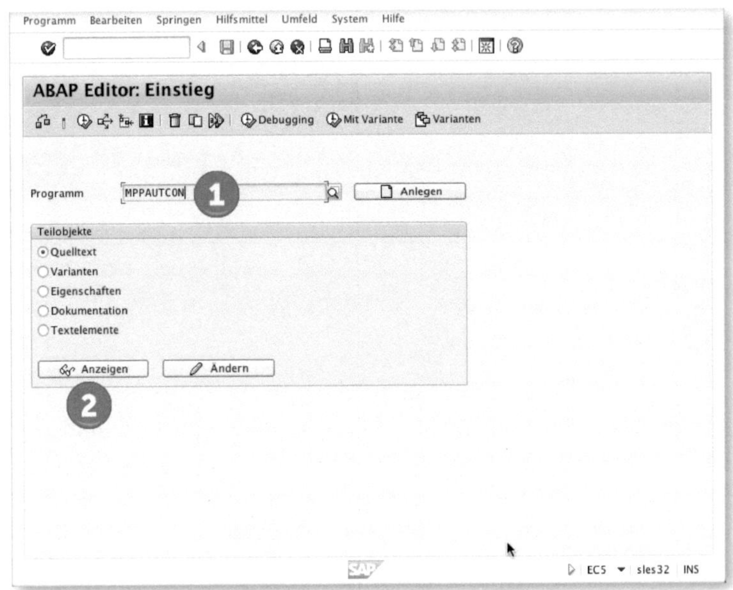

Abbildung 3.50: Generiertes Programm MPPAUTCON anzeigen

Ohne nun tiefer in die ABAP-Entwicklung einsteigen zu wollen, sollten Sie hier prüfen, ob das Programm aktiv ist ❶ und ob wie im ersten Block des Quellcodes ❷ die Felder, die in das kundeneigene Berechtigungsobjekt aufgenommen wurden, auch im Code enthalten sind.

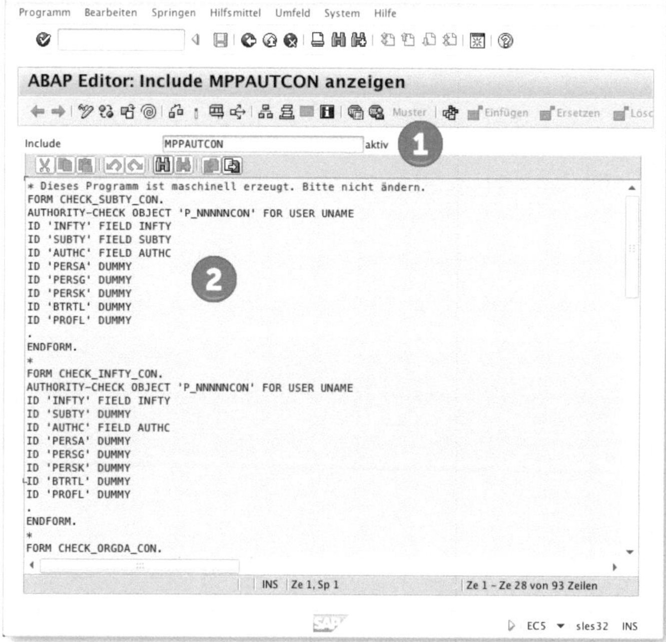

Abbildung 3.51: Quellcode des Programms MPPAUTCON

Damit das neue kundeneigene Berechtigungsobjekt zukünftig in den Prüfungen verwendet wird, müssen Sie den entsprechenden Berechtigungshauptschalter NNCON (vgl. Abschnitt 3.2.5) aktivieren.

4 Strukturelle Berechtigungen

In diesem Kapitel erfahren Sie, welche Möglichkeiten Ihnen die strukturellen Berechtigungen bieten, um auf Komponenten wie z. B. dem Organisationsmanagement mit strukturellen Datenmodellen ein Berechtigungskonzept abzubilden. Diese Form der Berechtigungssteuerung ist eine Ergänzung zu den Standard-Berechtigungen für den Datenzugriff. Eine Berechtigungssteuerung auf Funktionen wie z. B. Transaktionen ist hierüber nicht möglich.

Eine Erweiterung durch *strukturelle Berechtigungen* kommt dann zum Einsatz, wenn die organisatorischen Attribute zur Beschränkung des Zugriffs auf Personaldaten, wie sie in den Standard-Berechtigungsobjekten P_ORGIN oder P_ORGXX angeboten werden (Mitarbeitergruppe, Mitarbeiterkreis, Personalbereich), nicht ausreichen, um die gewünschte Berechtigungssteuerung zu realisieren. Im Bereich des Organisationsmanagements und der Personalentwicklung, die durch das Berechtigungsobjekt PLOG geschützt werden, sind strukturelle Berechtigungen das einzige Mittel, um Datenzugriffe innerhalb eines Objekttyps einzugrenzen. So kontrollieren strukturelle Berechtigungen u. a. den Zugang zu Teilbereichen der Organisationsstruktur, Trainingsstruktur oder auch des Qualifikationskatalogs.

Die Implementierung struktureller Berechtigungen erfolgt über die Transaktion OOSP (siehe Abschnitt 4.1). Hierin liegt bereits eine ihrer Besonderheiten, denn die Zuweisung erfolgt nicht, wie sonst üblich, über den Profilgenerator und die Benutzerverwaltung (siehe Abschnitt 4.2).

Des Weiteren kombiniert ein strukturelles Berechtigungsprofil einen oder mehrere Auswertungswege (siehe Abschnitt 4.4) mit dem designierten Startobjekt, den Auswertungstiefen und Zeitraumbeschränkungen innerhalb einer oder mehrerer Planvarianten. Man kann also definieren, für welchen Organisationsbereich und für welche Zeiträume der Zugriff gestattet ist. Ein Auswertungsweg enthält dabei eine genaue Definition, in welcher Reihenfolge Objekte und Verknüpfungen auszuwerten sind.

4.1 Konfiguration struktureller Berechtigungen

Abbildung 4.1 zeigt das Einstiegsbild der Transaktion OOSP zur Konfiguration struktureller Profile. In diesem View-Cluster wird entweder ein neues strukturelles Profil über den Button NEUE EINTRÄGE angelegt oder bei einer Änderung ein bestehendes Profil markiert ❶.

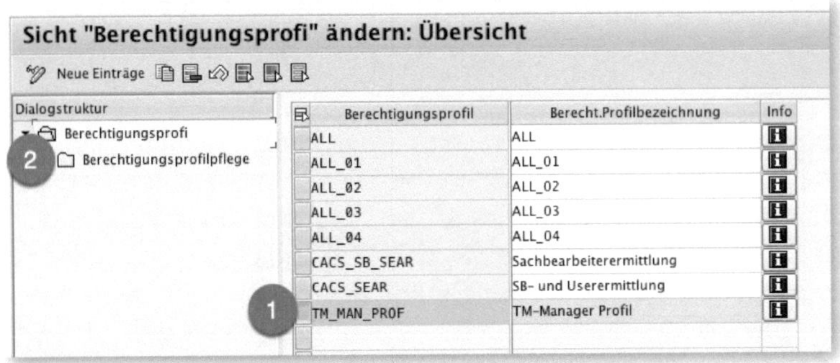
Sicht "Berechtigungsprofi" ändern: Übersicht

Neue Einträge

Dialogstruktur
- Berechtigungsprofi
  - Berechtigungsprofilpflege

Berechtigungsprofil	Berecht.Profilbezeichnung	Info
ALL	ALL	
ALL_01	ALL_01	
ALL_02	ALL_02	
ALL_03	ALL_03	
ALL_04	ALL_04	
CACS_SB_SEAR	Sachbearbeiterermittlung	
CACS_SEAR	SB- und Userermittlung	
TM_MAN_PROF	TM-Manager Profil	

Abbildung 4.1: Einstiegsbild der Transaktion OOSP

Nachdem Sie ein Profil markiert haben und anschließend im linken Bereich einen Doppelklick auf den Ordner BERECHTIGUNGSPROFILPFLEGE ❷ vornehmen, gelangen Sie zum Inhalt des Profils (Abbildung 4.2 zeigt die linke Hälfte der editierbaren Spalten und Abbildung 4.3 die rechte), wo die Einträge für das strukturelle Profil erfolgen.

Tabellensicht Bearbeiten Springen Auswahl Hilfsmittel System Hilfe

Sicht "Berechtigungsprofilpflege" ändern: Übersicht

Neue Einträge

Dialogstruktur
- Berechtigungsprofi
  - Berechtigungsprofilpf

Profil	Nr.	Planvar.	Objekttyp	ObjektId	Pflege	Ausw. Weg
TM_MAN_PROF	10	01	O		☑	O_O_S_SU

Abbildung 4.2: Konfiguration eines strukturellen Profils 1

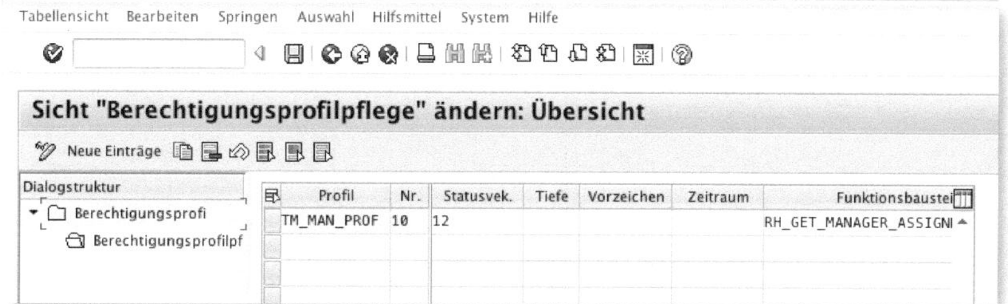

Abbildung 4.3: Konfiguration eines strukturellen Profils 2

Die Felder zur Pflege und ihre Bedeutung sind:

- PROFIL – Name des Profils;
- NR. – fortlaufende Nummer der Zeilen des Profils;
- PLANVAR.(iante) – Angabe der berechtigten Planvariante;
- OBJEKTTYP – Typ des HCM-Objektes (z. B. O, S, P);
- OBJEKTID – ID des Startobjektes, dessen Typ durch den Objekttyp bestimmt wurde;
- PFLEGE – wenn dieses Feld angekreuzt ist, berechtigt das Profil zur Pflege der Daten innerhalb des Auswertungsweges;
- AUSW.(ertungs)WEG – ID des Auswertungsweges;
- STATUSVEK.(tor) – bezieht sich auf den Status der Daten, z. B. geplant, aktiv;
- TIEFE – definiert die Anzahl der Ebenen, die, ausgehend vom Startobjekt, ausgewertet werden. Der Wert »0« bedeutet keine Einschränkung, der Wert »3«, dass ab dem Startobjekt drei Ebenen ausgewertet werden;
- VORZEICHEN – das Feld besser nur verwenden, wenn Sie strukturelle Berechtigungsprofile angelegen möchten, die die Struktur »von unten nach oben« verarbeiten sollen – z. B. dann, wenn Sie ausgehend von einem Personalfall in der Organisationsstruktur nach oben bis zu einer Organisationseinheit berechtigen möchten;

- ZEITRAUM – definiert, wie weit der Datenzugriff in die Vergangenheit oder Zukunft (ausgehend vom Tag des Zugriffs) gestattet ist.
- FUNKTIONSBAUSTEIN – Zur Ermittlung des Startobjektes kann ein Funktionsbaustein angegeben werden. Er definiert das Startobjekt dynamisch zur Laufzeit. In diesem Fall kann kein Eintrag im Objekt-ID-Feld gemacht werden. Trotzdem müssen eine Planvariante und ein Objekttyp spezifiziert werden. Der Vorteil eines Funktionsbausteins besteht darin, dass die ID des Startobjektes nicht hart im Profil definiert, sondern dynamisch zur Laufzeit ermittelt wird. Somit muss nicht für jedes Startobjekt ein eigenes Profil angelegt werden. Das Standardsystem enthält zwei Funktionsbausteine:
    - RH_GET_MANAGER_ASSIGNMENT (Bestimmung von Organisationseinheiten für Manager) kann für MSS (Manager Self Services) verwendet werden. Er bestimmt als Startobjekt die Organisationseinheit, in welcher der Benutzer über die Verknüpfung A012 zugewiesen ist (»ist Manager von«). Dieser Funktionsbaustein arbeitet auf Basis eines Schlüsseldatums, d. h., er findet nur die Organisationseinheiten, in denen der Benutzer zum Schlüsseldatum oder während einer spezifizierten Periode als »Manager« ausgewiesen ist.
    - RH_GET_ORG_ASSIGNMENT (Organisationsbestimmung) legt als Wurzelobjekt die Organisationseinheit fest, zu welcher der Benutzer organisatorisch zugeordnet ist. Dieser Funktionsbaustein ist für ESS (Employee Self Services) nutzbar.

4.2 Zuweisung struktureller Berechtigungen

Die Zuordnung von strukturellen Berechtigungen zu einem Benutzer kann auf unterschiedliche Arten erfolgen. Der **manuelle** Weg erfolgt über die Transaktion OOSB (Abbildung 4.4).

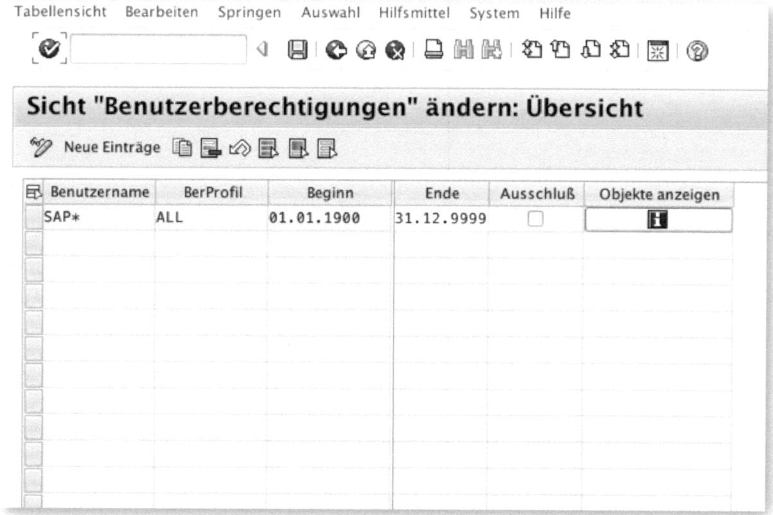

Abbildung 4.4: Einstiegsbild der Transaktion OOSB

Die Felder der Transaktion sind in der Tabelle 4.1 beschrieben.

Feld	Beschreibung
BENUTZERNAME	Benutzer, dem das strukturelle Profil zugeordnet werden soll
BERPROFIL	Name des strukturellen Profils aus der Tabelle (siehe Abschnitt 4.1)
BEGINN	Beginn-Datum für die Zuordnung
ENDE	Ende-Datum für die Zuordnung
AUSSCHLUSS	Zuordnung oder Ausschluss der Objekte (siehe Abschnitt 4.3)
OBJEKTE ANZEIGEN	Über diesen Button können die über das strukturelle Profil zu ermittelnden Objekte angezeigt werden.

Tabelle 4.1: Felder der Transaktion OOSB

Die Daten der Transaktion werden in der Tabelle T77UA gespeichert.

Für eine **automatische Zuordnung** von strukturellen Profilen zu einem Benutzer, ausgehend vom in der Rolle hinterlegten Namen, steht Ihnen das BAdI HRBAS00_GET_PROFL zur Verfügung. Weitere Informationen hierzu finden Sie im Abschnitt 9.4.

Zuweisung struktureller Berechtigungen zu einem Organisationsobjekt

Alternativ kann das strukturelle Profil einem Objekt der Organisationsstruktur zugewiesen werden. Diese Zuweisung kann beispielsweise für die Planstelle erfolgen, mit dem Vorteil, dass etwa die an Workflows teilnehmenden Benutzer schon berechtigt sind. Dies ist hilfreich, wenn die strukturelle Berechtigung job-spezifisch vergeben wird. Gespeichert wird die Zuordnung von strukturellen Profilen zu Objekten im Infotyp 1017. Die Pflege erfolgt über die Transaktion PO13.

4.3 Exkludieren struktureller Profile

Etwas unüblich im Bereich der Berechtigungen ist es, dem Benutzer explizit Berechtigungen zu verweigern. Im Normalfall werden diese den Benutzern zugeordnet. Strukturelle Profile bieten jedoch die Möglichkeit, bei deren Zuordnung zu einem Benutzer in der Transaktion OOSB das Flag AUSSCHLUß ❶ zu setzen. Dieses Vorgehen bewirkt, dass der Benutzer auf Objekte, die über dieses Profil ermittelt werden, keinen Zugriff erhält. Ein mögliches Einsatzszenario hierfür könnte sein, wenn Benutzer grundsätzlich auf die komplette Organisationsstruktur berechtigt werden sollen, jedoch nicht auf kleine, besonders geschützte Teilbereiche. So kann der Pflegeaufwand minimiert werden, da sich die aufwendige Ermittlung aller Bereiche mit Ausnahme des kleinen schützenswerten Bereichs vermeiden lässt.

Tabellensicht Bearbeiten Springen Auswahl Hilfsmittel System Hilfe

Neue Einträge: Übersicht Hinzugefügte

Benutzername	BerProfil	Beginn	Ende	Ausschluß	Objekte anzeigen
EXXSENS	TM_MAN_PROF	01.01.2012	31.12.9999	☑	
				☐	

Abbildung 4.5: Ausschluss für den Zugriff

4.4 Exkurs Auswertungswege

Über *Auswertungswege* wird das strukturierte Auslesen von Daten definiert; dies wird z. B. im Organisationsmanagement verwendet. Auswertungswege kommen ebenfalls in strukturellen Berechtigungen zum Einsatz, um die Daten zu ermitteln, auf die ein Benutzer Zugriff erhalten soll.

Die Auswertung von Daten aus der entsprechenden Komponente (z. B. dem Organisationsmanagement) erfolgt nach dem definierten Auswertungsweg über einen festgelegten Objekttyp. Die jeweiligen Objekte werden über eine bestimmte Abarbeitungsfolge (dem hinterlegten Customizing) in Verbindung mit den zu berücksichtigenden Verknüpfungen gelesen.

Primär werden Auswertungswege von den Fachteams (z. B. Organisationsmanagement) zur Steuerung der Komponente HCM verwendet. Oft werden vom Berechtigungsteam bereits bestehende Auswertungswege für strukturelle Berechtigungen verwendet. Sie sind in diesem Bereich häufig sogar von essenzieller Bedeutung, weshalb das Berechtigungsteam mit der Pflege von Auswertungswegen vertraut sein sollte.

Eigene Auswertungswege für strukturelle Berechtigungen

Nach meiner Erfahrung sollte das Berechtigungsteam in strukturellen Profilen eigene Auswertungswege anlegen. Durch die exklusive Nutzung dieser Auswertungswege für strukturelle Profile wird gewährleistet, dass Änderungen an Auswertungswegen keine Auswirkungen auf die Berechtigungsvergabe in anderen Komponenten haben. Dieser Vorteil überwiegt meiner Meinung nach den Nachteil des (sehr geringen) Mehraufwands für die Pflege.

Abbildung 4.6 zeigt den Einstiegspunkt zur Pflege von *Auswertungswegen* im Customizing (Transaktion SPRO).

Abbildung 4.6: Auswertungswege im Customizing pflegen

Anschließend gelangen wir in das View-Cluster zur Pflege. Hier können wir uns, wie in Abbildung 4.7 zu sehen, durch Markieren eines Auswertungsweges ❶ und anschließenden Doppelklick auf den Ordner AUSWERTUNGSWEG ❷ dessen Inhalt anzeigen lassen.

Als Ergebnis wird uns der Inhalt des im SAP-Standard ausgelieferten Auswertungswegs O_O_S_C angezeigt (siehe Abbildung 4.8).

Einen solchen Auswertungsweg wollen wir im sich anschließenden Beispiel selbst anlegen.

Abbildung 4.7: Sicht zur Pflege eines Auswertungsweges

Tabellensicht Bearbeiten Springen Auswahl Hilfsmittel System Hilfe

Sicht "Auswertungsweg (Einzelpflege)" ändern: Übersicht

Neue Einträge

Dialogstruktur: Auswertungswege / Auswertungsweg (Ein: / Kurzbezeichnungen

Auswertungsweg O_O_S_C Stellen je Organisationseinheit

Nr.	Objekttyp	A/B	Verknüpfung	Verknüpfungsbezeich.	Priorität	Typ verk. Obj.
10	O	B	003	umfaßt	*	S
20	O	B	002	ist Linien-Vorgesetzter v	*	O
30	S	B	007	wird beschrieben durch	*	C

Abbildung 4.8: Inhalt des Auswertungsweges O_O_S_C

Beispiel für die Anlage eines eigenen Auswertungsweges

Ich will Ihnen nun die Definition eines Auswertungsweges und seine Verwendung für bzw. Auswirkungen auf strukturelle Berechtigungen in einem Beispiel verdeutlichen und hierzu einen eigenen Auswertungsweg anlegen. Die Tabelle 4.2 enthält unsere Beispiel-Definition, wie diese im Customizing vorgenommen sein könnte.

Zeile	Objekttyp	Verknüpfung	Verknüpfungs-bezeichnung	verknüpfter Objekttyp
1	O	**B002**	ist Linien-Vorgesetzter von	**O**
2	O	**B003**	umfaßt	**S**
3	S	**A008**	Inhaber	**P**

Tabelle 4.2: Definition des Auswertungsweges

Für diesen beispielhaften Auswertungsweg soll nun näher betrachtet werden, wie er im Zusammenhang mit der Vergabe in einem strukturellen Profil wirkt. Alle Selektionsergebnisse werden Ihnen in Abbildung 4.9 verdeutlicht.

Der Auswertungsweg selektiert alle Organisationseinheiten; dabei geht er von einer Organisationseinheit (O) aus, die als Startobjekt dient. In meinem Beispiel ist dies die Organisationseinheit O1 – zunächst über Zeile 1 der Definition (O B002 O) in Tabelle 4.2. Dies bedeutet, dass vom Einstiegsobjekte alle Organisationseinheiten eingesammelt werden, die mit einer B002-Verknüpfung verbunden sind.

Es werden also die folgenden Organisationseinheiten selektiert:

O1, O4, O5.

In einem zweiten Schritt werden, ausgehend von den selektierten Organisationseinheiten sowie der Definition (O B003 S) in Zeile 2, alle Planstellen selektiert:

S1, S2, S3.

Im letzten Schritt werden, ausgehend von den selektierten Planstellen und basierend auf der Definition (S A008 P) in Zeile 3, alle Personen selektiert:

P1, P2, P3.

Insgesamt werden also mit dem Auswertungsweg O–S–P und dem Startobjekt O1 die folgenden Objekte selektiert:

O1, O4, O5, S1, S2, S3, P1, P2, P3.

Eine Kombination aus Startobjekt und Auswertungsweg liefert aus einer existierenden Struktur eine bestimmte Anzahl von Objekten zurück. Genau diese Kombination bzw. die dadurch gelieferten Objekte stellen das strukturelle Profil eines Benutzers dar.

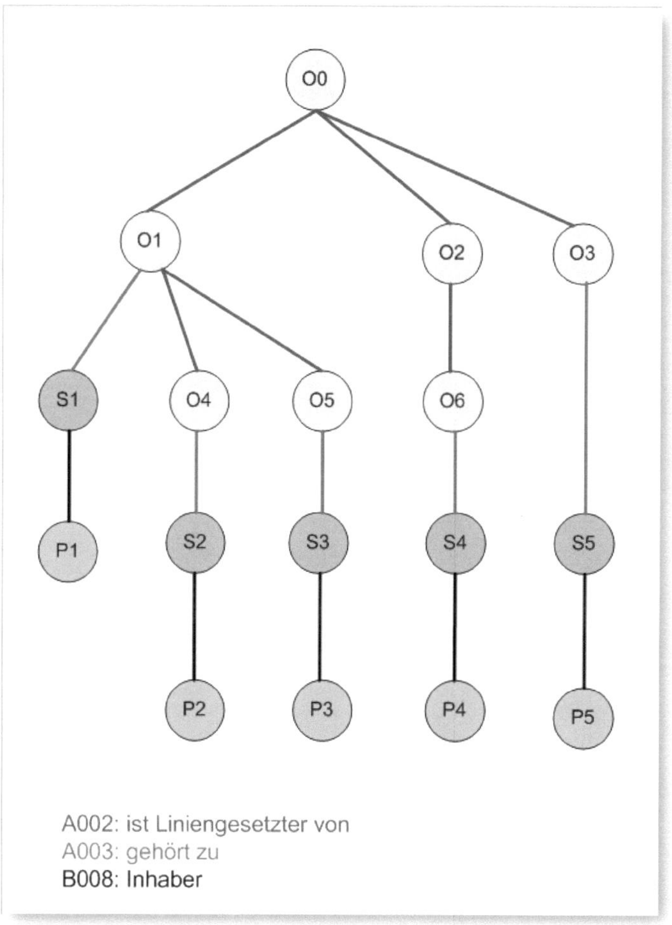

Abbildung 4.9: Auswertungswege für strukturelle Berechtigungen

4.5 Kontextsensitive Berechtigungen

Die kontextsensitiven Berechtigungen schließen eine Lücke in der HCM-Berechtigungssteuerung, die durch die Verwendung der Standard-Berechtigungssteuerung (Berechtigungsobjekte) in Kombination mit strukturellen Berechtigungen entsteht.

Durch das bisher vorgestellte Konzept der strukturellen Berechtigungen addieren sich die Berechtigungen innerhalb eines Benutzers, was wir uns anhand des folgenden Beispiels näher ansehen wollen:

Addition von Berechtigungen

Sachbearbeiterin Krause ist für die Organisationseinheiten 1.1 (über das Profil Z_STRCT_01) und 1.2 (über das Profil Z_STRCT_02) zuständig (Abbildung 4.10). Sie soll jedoch jeweils unterschiedliche Zugriffe auf die Infotypen erhalten:

- Pflege Infotypen 0000–0007 für Organisationeinheit 1.1
- Pflege Infotypen 0008–0015 für Organisationeinheit 1.2.

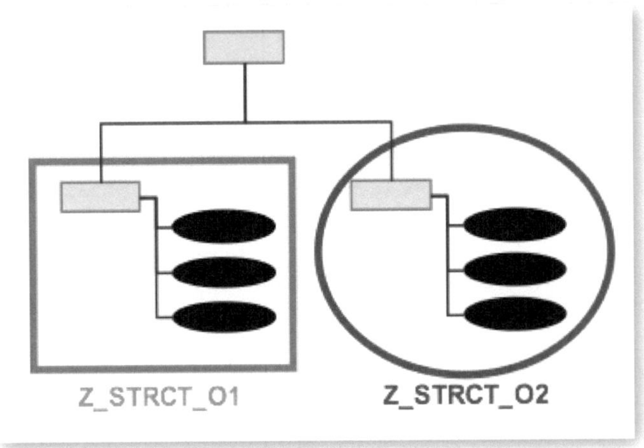

Abbildung 4.10: Strukturelle Profile für den Zugriff

Durch die Addition der Berechtigungen ergibt sich allerdings sowohl für Organisationseinheit 1.1 als auch für Organisationseinheit 1.2 ein Zugriff auf die Infotypen 0000–0015.

Eine Lösung für diese Problematik bietet der Einsatz kontextsensitiver Berechtigungen. Hier werden die dem Benutzer über Rollen (Infotyp, Subtypen, Berechtigungslevel etc.) vergebenen Berechtigungen mit den über die strukturellen Profile zugeordneten strukturellen Berechtigungen in Verbindung gesetzt. Dies erfolgt durch den Einsatz der Berechtigungsobjekte P_ORGINCON und P_ORGXXCON bzw. kundeneigener Berechtigungsobjekte. Abbildung 4.11 zeigt das gleiche Beispiel mit Verwendung der kontextsensitiven Berechtigungen. Wie zu sehen ist, werden hier die strukturellen Profile mit der Rolle verknüpft. Dies erfolgt im Feld PROFL der eingesetzten Berechtigungsobjekte (im Beispiel P_ORGINCON).

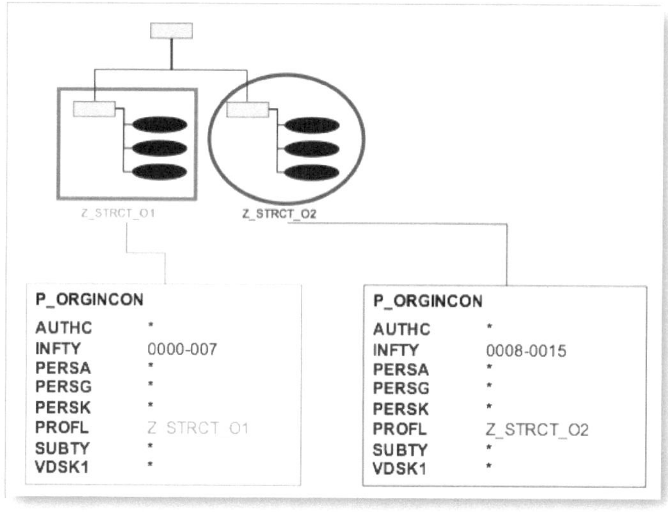

Abbildung 4.11: Beispiel-Profile im Kontext

4.5.1 Zusammenspiel mit Rollen

Abbildung 4.12 zeigt das Zusammenspiel einer Rolle inklusive Zugriff auf Transaktionen, Infotypen und einen Personalbereich (oberes Fenster) mit einem strukturellen Profil für einen Teilbereich der Organisationsstruktur im unteren Bereich. Wie zu sehen ist, werden diese beiden Objekte miteinander verknüpft und bilden die Gesamtberechtigungen des Benutzers. Somit werden Rollen und strukturelle Profile als gemeinsame Objekte behandelt und der Berechtigungsprüfung zugrunde gelegt, um eine ungewollte Addition der einzelnen Objekte zu verhindern.

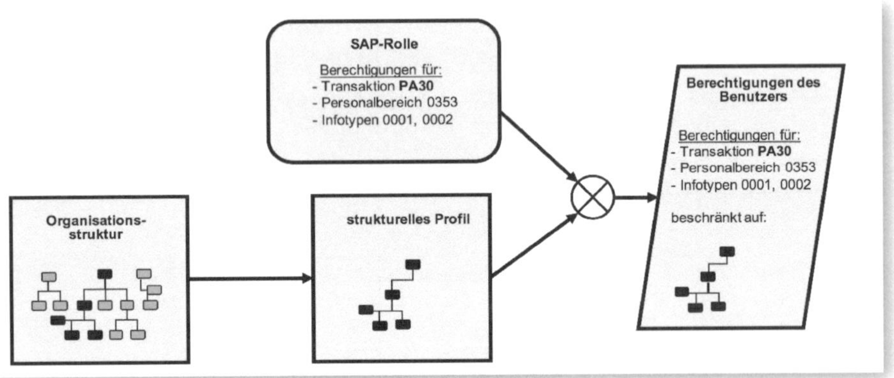

Abbildung 4.12: Zusammenspiel von kontextsensitiven Berechtigungen und SAP-Rollen

4.5.2 Berechtigungsobjekte für kontextsensitive Berechtigungen

Für den Einsatz kontextsensitiver Berechtigungen werden im SAP-Standard die beiden Berechtigungsobjekte P_ORGINCON und P_ORGXXCON ausgeliefert. Diese erweitern das jeweilige zugrunde liegende Berechtigungsobjekt um das Feld PROFL, um eine Verknüpfung von Rollen und strukturellen Profilen zu ermöglichen.

P_ORGINCON

Abbildung 4.13 zeigt das Berechtigungsobjekt P_ORGINCON. Dabei handelt es sich um das kontextsensitive Pendant zum Berechtigungsobjekt P_ORGIN (vgl. Abschnitt 3.2.7). Zur Verknüpfung dieses Berechtigungsobjektes mit einem strukturellen Profil ist hier jedoch zusätzlich das Feld PROFL mit aufgenommen.

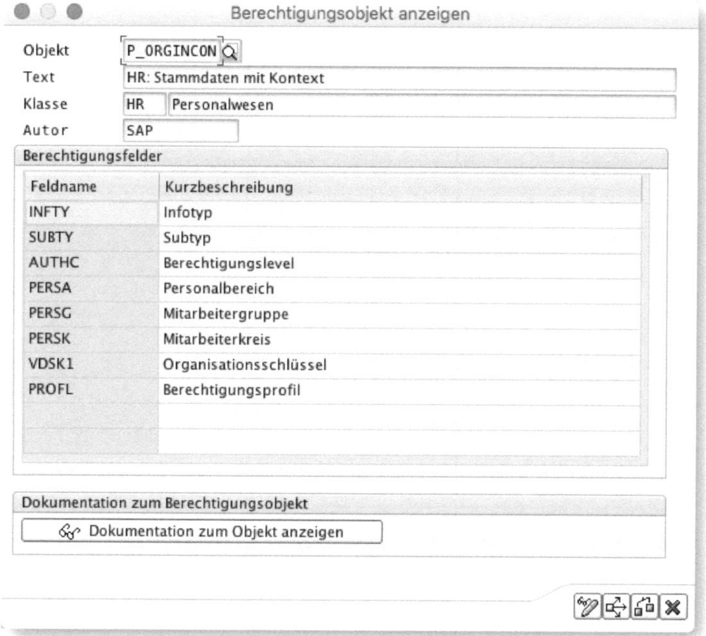

Abbildung 4.13: Berechtigungsobjekt P_ORGINCON

P_ORGXXCON

Analog zum zuvor beschriebenen Berechtigungsobjekt P_ORGINCON handelt es sich beim Berechtigungsobjekt P_ORGXXCON um das kontextsensitive Pendant zum Berechtigungsobjekt P_ORGXX mit dem zusätzlichen Feld PROFL für die Verknüpfung mit dem strukturellen Profil (siehe Abbildung 4.14).

Für beide kontextsensitiven Pendants gilt grundsätzlich, dass die Kombination kontextsensitiver und nicht kontextsensitiver Berechtigungsobjekte keinen Sinn ergibt und lediglich zu einer doppelten Pflege innerhalb der Rollen führt.

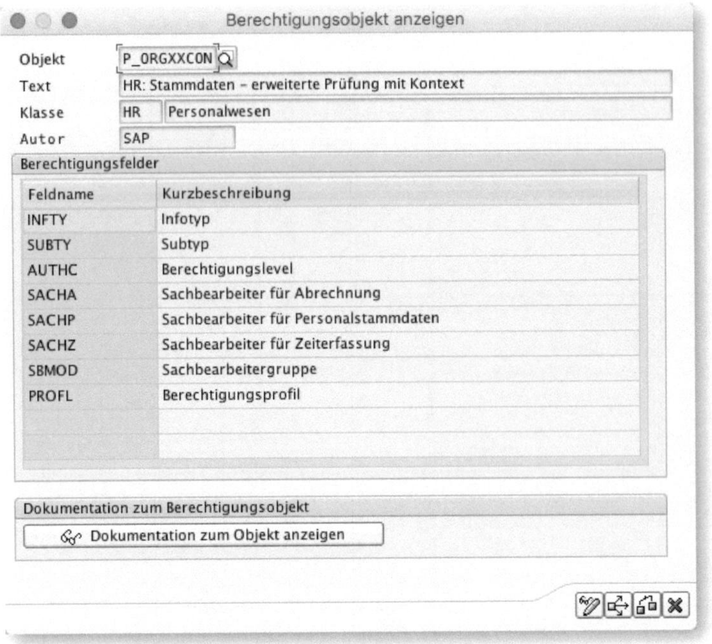

Berechtigungsobjekt anzeigen

Objekt P_ORGXXCON
Text HR: Stammdaten - erweiterte Prüfung mit Kontext
Klasse HR Personalwesen
Autor SAP

Berechtigungsfelder

Feldname	Kurzbeschreibung
INFTY	Infotyp
SUBTY	Subtyp
AUTHC	Berechtigungslevel
SACHA	Sachbearbeiter für Abrechnung
SACHP	Sachbearbeiter für Personalstammdaten
SACHZ	Sachbearbeiter für Zeiterfassung
SBMOD	Sachbearbeitergruppe
PROFL	Berechtigungsprofil

Dokumentation zum Berechtigungsobjekt

Dokumentation zum Objekt anzeigen

Abbildung 4.14: Berechtigungsobjekt P_ORGXXCON

PLOG_CON

Ursprünglich wurde vonseiten der SAP noch das Berechtigungsobjekt PLOG_CON für den Einsatz im Bereich kontextsensitiver Berechtigungen ausgeliefert. Laut Dokumentation (siehe Abbildung 4.15) und dem OSS-Hinweis 453786 funktioniert es jedoch nicht und darf daher zu diesem Zweck nicht eingesetzt werden.

Der Einsatz des Berechtigungsobjektes PLOG_CON kann jedoch trotzdem erfolgen, um eine automatisierte Zuweisung von strukturellen Profilen über die Implementierung des BADIs HRBAS00_GET _PROFL (siehe Abschnitt 9.4) vorzunehmen. Hierbei werden die strukturellen Profile in einer Rolle hinterlegt, die für die Zugriffsberechtigung auf PD-Objekte benötigt werden. Dies sind in erster Linie PD-Objekte, die über das Berechtigungsobjekt PLOG berechtigt werden und bei denen die globale Berechtigung des Berechtigungsobjektes PLOG durch strukturelle Profile eingeschränkt werden muss. Wichtig ist hierbei jedoch, dass keine Berechtigungsprüfung über dieses Objekt durchgeführt, sondern lediglich die Verknüpfung zu einem strukturellen Profil realisiert wird.

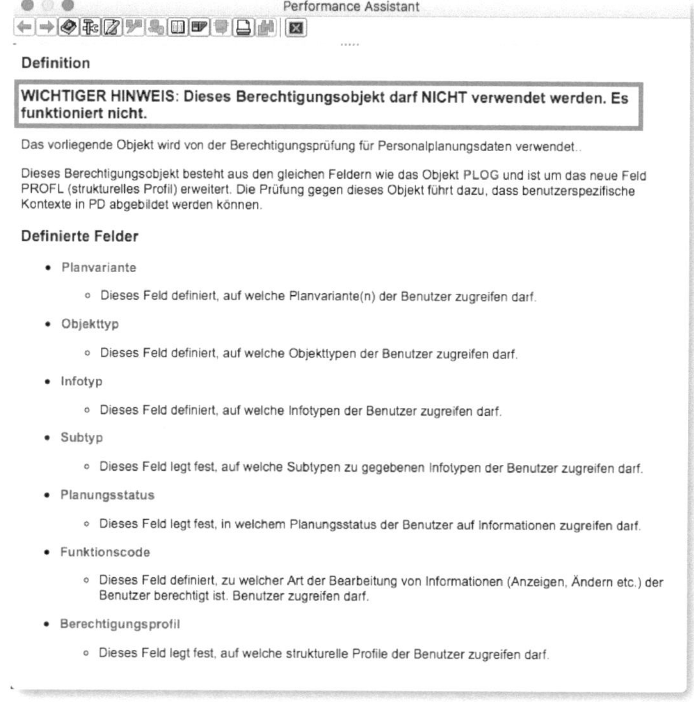

Abbildung 4.15: Einsatz des Berechtigungsobjektes PLOG_CON

4.6 Pufferung von strukturellen Berechtigungen

Zur Feststellung, ob ein Objekt in den strukturellen Berechtigungen eines Benutzers enthalten ist, muss das strukturelle Profil zunächst aufgebaut und analysiert werden. Dies kann für Benutzer mit sehr vielen Objekten (z.B. Personalfällen, Planstellen, Organisationseinheiten) zur echten Geduldsprobe werden. Wie Pufferungsreports hier Abhilfe schaffen können, erfahren Sie in diesem Abschnitt.

Der Aufbau des strukturellen Profils erfolgt z. B. beim Aufruf von Transaktionen wie der PA30 oder auch bei der Ausführung von Reports. In einigen Fällen dauert dies so lange, dass die Online-Nutzung von Reports und Transaktionen unmöglich bzw. nicht mehr anwenderfreundlich ist. Zur Umgehung dieses Problems bietet der SAP-Standard die Möglichkeit, strukturelle Berechtigungen in Pufferungsreports zu berechnen und in der *Clustertabelle INDX* abzulegen. Bei Bedarf wird dann das Profil aus der Clustertabelle in das SAP-Memory gelesen und kann von dort für die gesamte Session eines Benutzers performant gelesen und genutzt werden.

Allerdings ist dabei zu berücksichtigen, dass Änderungen an den Zugriffsrechten eines Benutzers (Änderung der Rollen oder Profilzuordnung) oder Dateneingaben/-änderungen erst wirksam werden, nachdem ein Update des Berechtigungspuffers durch das Programm RHBAUS_PARALLEL (vgl. Abschnitt 4.6.1) erfolgt ist.

Dieses Systemverhalten soll an dem folgenden Beispiel verdeutlicht werden:

Problematik der Pufferung

Anwender Müller führt eine Neueinstellung des Personalfalls Maier durch. Der Anwender Schmitt hat die identischen Berechtigungen wie der neue Anwender Müller. Direkt nach dessen Einstellung kann Benutzer Schmitt den Personalfall weder sehen noch darauf zugreifen, da dieser noch nicht in den gepufferten strukturellen Berechtigungen von Schmitt aufgenommen ist. Erst nach dem Ausführen des Programms RHBAUS_PARALLEL hat auch der Benutzer Schmitt den Personalfall Maier im Zugriff.

Neben der Entscheidung, ob die Pufferung überhaupt verwendet wird, muss festgelegt werden, ab welcher Anzahl an Objekten die Berechtigungen gepuffert und wie oft der Update-Job der Pufferung ausgeführt werden soll.

4.6.1 Reports zur Pufferung

Die Pufferung der strukturellen Berechtigungen erfolgt in drei Schritten. Zuerst werden die Benutzer, die einen höheren Schwellwert als die festgelegten Objekte haben, über den Report RHBAUS02 ermittelt und in die Tabelle T77UU geschrieben. Im zweiten Schritt passiert die eigentliche Pufferung über den Report RHBAUS_PARALLEL. Der letzte Schritt (Report RHBAUS01) ist die Bereinigung der Tabelle INDX von Benutzern, die vorher gepuffert wurden, nach der aktuellen Ermittlung jedoch nicht mehr gepuffert werden sollen, da die Anzahl der Objekte, die der Benutzer im Zugriff hat, unter den Schwellwert gesunken ist.

RHBAUS02

In Abbildung 4.16 ist der Selektionsbildschirm des Reports RHBAUS02 zu sehen. Dieser Report verwaltet die Einträge der Tabelle T77UU.

Für die Verwendung der Pufferung muss entschieden werden, ab welcher Anzahl von Objekten, die ein Benutzer im Zugriff hat, die strukturellen Berechtigungen gepuffert werden sollen. Dieser SCHWELLWERT muss im Report RHBAUS02 als Parameter eingetragen werden.

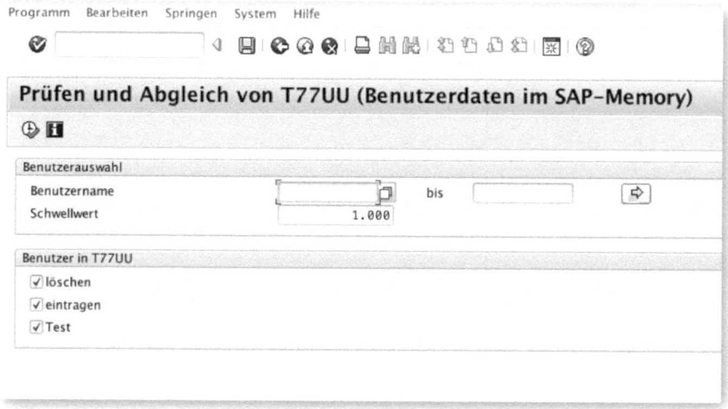

Abbildung 4.16: Selektionsbildschirm RHBAUS02

RHBAUS01

Der Report RHBAUS01 »INDX und T77UU abgleichen« (Abbildung 4.17) übernimmt die Funktion des Aufräumens und Löschens abgelegter struktureller Profile von Benutzern, die nicht mehr in der Tabelle T77UU stehen und zukünftig nicht mehr gepuffert werden sollen. Dieser Fall tritt z. B. dann ein, wenn einem Benutzer Berechtigungen entzogen werden oder er durch Änderungen an der Organisationsstruktur unterhalb des definierten Schwellwertes rutscht.

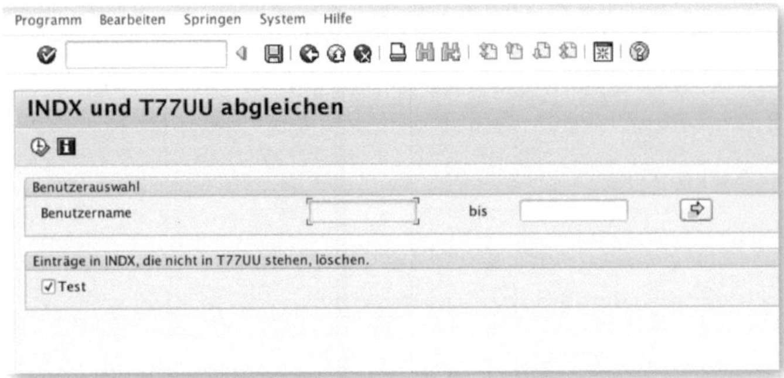

Abbildung 4.17: Selektionsbildschirm RHBAUS01

RHBAUS_PARALLEL

Mit dem OSS-Hinweis 1463065 (»RHBAUS_PARALLEL: Aktualisierung von Tabelle INDX«) hat die SAP den neuen Report *RHBAUS_PARALLEL* zur Verfügung gestellt, der den bis dahin verwendeten Report *RHBAUS00* ablöst.

Der Report RHBAUS_PARALLEL (Abbildung 4.18) führt die eigentliche Pufferung der Berechtigungsdaten für Benutzer in der Tabelle T77UU durch und speichert die Daten in der Tabelle INDX.

Er erlaubt die Selektion über den BENUTZERNAMEN sowie – seit Einführung des neuen Reports – die Parallelisierung auf eine bestimmte SERVER-/LOGONGRUPPE und die Definition der Anzahl an WORKPROZESSEN, die das Programm verwenden darf. Diese beiden neuen

Optionen ermöglichen eine performantere und damit häufigere Ausführung des Jobs für die Aktualisierung der Benutzerpuffer.

Abbildung 4.18: Selektionsbildschirm RHBAUS_PARALLEL

4.6.2 Ermittlung des Schwellwertes

Der Schwellwert für die Pufferung legt fest, ab welcher Anzahl von Objekten, die im Zugriff eines Benutzers sind, dieser von der Pufferung berücksichtigt werden soll. Benutzer unterhalb des Schwellwertes werden nicht von der Pufferung erfasst. Die Ermittlung des Schwellwertes für das System ist ein laufender Prozess und hängt von den unterschiedlichsten Faktoren ab. Zu Beginn muss ein Wert festgelegt werden. Im Laufe der Jahre hat sich hierfür in meinem Umfeld ein Wert von »10.000« (Objekten) als gute Basis herauskristallisiert. Nachdem die Jobs dann im täglichen Betrieb laufen, müssen die jeweiligen Laufzeiten und Ergebnisse der Jobs analysiert und ausgewertet werden. Im Spool des Reports RHBAUS02 werden die einzelnen Benutzer mit der Anzahl von Objekten, die sie im Zugriff haben, aufgeführt. Dieses Spoolergebnis könnte wie in Abbildung 4.19 aufbereitet werden, um ein Gefühl für die Verteilung der Objektmengen über alle Benutzer zu erhalten. Mittels der Auswertung können Sie sehen, in welchen Bereichen sich Ihre Benutzer befinden, und danach prüfen, ob deren jeweiliger Schwellwert ggf. angepasst werden muss.

Anzahl Objekte	Benutzer
10.000 bis 14.999	1.542
15.000 bis 20.000	243
20.000 bis 29.999	11.291
30.000 bis 39.999	74
40.000 bis 49.999	291
50.000 bis 99.999	201
100.000 bis 199.999	932
200.000 bis 299.999	88
300.000 bis 399.999	11
400.000 bis 499.999	0
500.000 bis 599.999	4
600.000 bis 999.999	10
1.000.000 bis 1.499.999	32
> 1.500.000	16

Abbildung 4.19: Analyse der Objekte je Benutzer

In diesem Beispiel ist zu sehen, dass die meisten der gepufferten Benutzer im Bereich von 20.000 bis 29.999 Objekte liegen.

Bei der Optimierung von Laufzeiten spielen noch weitere individuelle Anforderungen des jeweiligen Projektes eine Rolle. So könnte in einigen Projekten eine tägliche Aktualisierung des Puffers für die Benutzer genügen, in anderen wiederum, in denen von der Pufferung betroffene Benutzer auf die aktuell eingepflegten Daten angewiesen sind, werden Intervalle von vier Stunden benötigt. Der Report RHBAUS_PARALLEL ermöglicht, den Parameter für die Anzahl der Workprozesse in Abstimmung mit dem SAP-Basisteam zu optimieren, um eine größere Verteilung auf die Systemressourcen und so ggf. niedrigere Joblaufzeiten zu erzielen. Ebenso könnte die Bildung von Benutzer-Ranges in der Selektion des Reports betrachtet werden.

Ein weiterer Schritt zur Optimierung ist die Analyse von Auswertungswegen. So sollten die den Benutzern über die Profile zugeordneten Auswertungswege regelmäßig auf ein redundantes Lesen der Objekte hin überprüft und ggf. angepasst werden. Ein Beispiel für redundantes Lesen von Auswertungswegen wäre, wenn die Anforderung an das Profil eine Berechtigung auf Organisationseinheiten,

Stellen, Planstellen und Personen ist, die über die beiden folgenden Auswertungswege realisiert wird:

Auswertungsweg O–S–P

O -> B002 -> O

O -> B002 -> S

S -> A008 -> P

Auswertungsweg O_O_S_C

O -> B002 -> O

O -> B003 -> S

S -> A007 -> C

Bei gleichzeitiger Verwendung dieser beiden Auswertungswege werden also sowohl Organisationseinheiten (O) als auch Planstellen (S) beim Aufbau der Objektmenge redundant eingelesen. Dies kann verhindert werden, indem man einen eigenen Auswertungsweg definiert, der alle Anforderungen an das Berechtigungsprofil erfüllt, dabei aber die benötigten Objekte nur einmal einliest.

Auswertungsweg Z_O_S_C_P

Im vorliegenden Fall könnte alternativ ein **Auswertungsweg Z_O_S_C_P** definiert werden, der wie folgt aufgebaut ist:

O -> B002 -> O

O -> B003 -> S

S -> A008 -> P

S -> A007 -> C.

5 Berechtigungen im SAP Enterprise Portal

Über das SAP Enterprise Portal können Sie Benutzern webbasierte Anwendungen (z. B. ABAP WebDynpro, Adobe Processes & Forms) zur Verfügung stellen. Im Umfeld von SAP HCM gibt es zudem eine Vielzahl von Anwendungsfällen für die Nutzung von ESS(Employee Self Services)- und MSS(Manager Self Services)-Szenarien, die im SAP-Standard vorhanden sind und i. d. R. den Anwendern über ein Portal zugänglich gemacht werden.

Bei vielen Projekten erfolgen das Customizing und weitere Einstellungen im Rahmen der Portal-Konfiguration durch das Basis-Team – das Berechtigungsteam kommt mit der Rollenvergabe lediglich im Backend (siehe Abschnitte 5.6 und 5.7) in Berührung. Da aus meiner Erfahrung das Zusammenspiel der einzelnen Elemente und deren Umsetzung zum Gesamtverständnis der Anzeige- und Berechtigungssteuerung im SAP-Portal beitragen, möchte ich Ihnen zunächst einige grundlegenden Mechanismen beschreiben und einen Überblick über die zu verwendenden Elemente im SAP-Portal geben.

Berechtigungen für das Backend

Ein genereller Unterschied zwischen Backend-Rollen (auch »ABAP-Rollen« genannt) und Portalrollen besteht darin, dass im Portal keine Berechtigungen für die Backend-Anwendungen selbst definiert werden. Diese müssen weiterhin im Backend erteilt werden.

Der Aufbau von SAP-Portalrollen unterscheidet sich grundlegend von Backend-Rollen. So wird in letzteren der Zugriff auf Transaktionen gesteuert, und durch Berechtigungsfelder erfolgt die Ausprägung der jeweiligen Berechtigungsreichweite einer Rolle. Mit Portalrollen wird nicht der Zugriff auf einzelne Transaktionen in einem SAP-System spezifiziert, sondern der auf einzelne **Objekte**, die in einem Portal zur Verfügung stehen. Zu diesen Objekten zählen iViews, Worksets und Seiten. In den Backend-Anwendungen selbst werden weiterhin die Berechtigungen ausgeprägt, falls in einem iView ein Aufruf auf eine Backend-Anwendung erfolgt.

5.1 Technische Grundlagen

Das *SAP Enterprise Portal* basiert technisch auf einem SAP Application Server (Java) und enthält keine ABAP-Bestandteile. Dementsprechend gibt es für die Administration der Benutzer und Berechtigungen im Java-Umfeld andere Konzepte und Vorgaben. Zum besseren Verständnis sollen zunächst grundsätzliche Begriffe und Elemente bzw. Objekte eines SAP Enterprise Portals beschrieben werden.

Verwirrende Namensgebung

Die SAP hatte für ihre Unternehmensportal-Software schon einmal den Namen SAP Enterprise Portal vergeben, änderte ihn zwischen 2005 und 2014 allerdings in »SAP NetWeaver Portal«, um seither wieder zur alten Bezeichnung zurückzukehren.

5.1.1 User Management Engine (UME)

Die Benutzer- und Rollenverwaltung in einem SAP Enterprise Portal, d. h. auf einem Java Application Server (AS Java), basiert auf einer User Management Engine (UME), die als Service im Portal bereitgestellt wird. Neben den grundlegenden Funktionen zur Benutzerverwaltung wie z. B. dem Anlegen oder Löschen von Benutzern ermöglicht die UME auch die Konfiguration sogenannter *User Persistence Stores* (sprich Datenquellen für Benutzerdaten), in denen die gesamten Benutzerdaten gespeichert werden. Der Persistence Store muss nicht zwangsweise in der Datenbank des Portalsystems liegen. Für das Enterprise Portal stehen derzeit drei verschiedene Varianten für User Persistence Stores zur Verfügung:

- die Datenbank des *AS Java* (Portal-Datenbank),
- die Datenbank eines *AS ABAP* (z.B. angeschlossenes HR-Backendsystem) sowie
- ein *LDAP*-basierter *Verzeichnisdienst*.

Grundsätzlich ist das Enterprise Portal nicht auf die Verwendung eines einzelnen User Persistence Stores festgelegt. Es ist technisch möglich, mehrere Stores parallel an das Portal anzubinden. Hierbei ist jedoch zu beachten, dass für einen Benutzer, der in verschiedenen Stores existiert, ausschließlich die Daten der primären Datenquelle Verwendung finden. Darüber hinaus können die jeweiligen Benutzerdaten auf verschiedene Stores aufgeteilt werden.

Die Abbildung 5.1 zeigt die Möglichkeiten der Anbindung von User-Stores sowie die UME-Architektur im SAP-Umfeld.

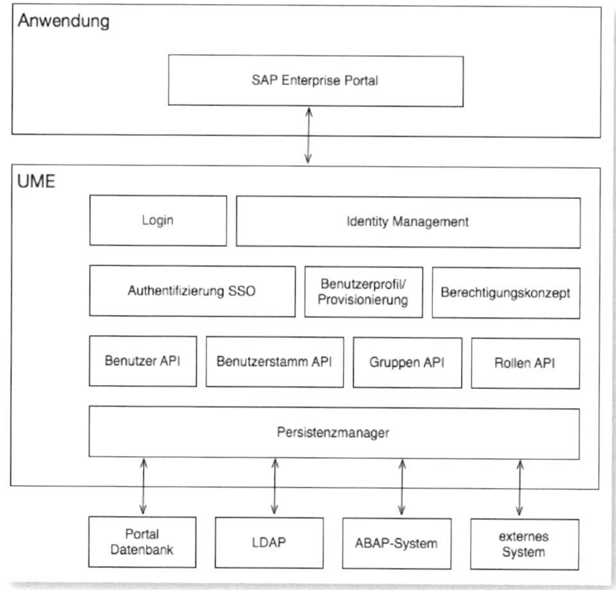

Abbildung 5.1: Architektur der UME

Bei der Installation eines SAP Enterprise Portals wird die Art des Persistence Stores festgelegt. Diese Festlegung lässt sich jedoch nachträglich noch ändern, sodass z. B. durch die Anforderung eines späteren Projektes (etwa ein LDAP-Verzeichnisdienst) eine weitere Datenquelle für die UME angeschlossen und verwendet werden kann.

Benutzer- und Berechtigungsverwaltung im Portal

Grundsätzlich unterstützt das SAP Enterprise Portal die Ausführung von Anwendungen verschiedener Entwicklungsumgebungen, wie z. B. ABAP(-Anwendungen), Business Server Pages (BSP), Java Server Pages (JSP), Web Dynpro für ABAP (WDA), Floorplan-Manager(-Anwendungen) und Web Dynpro für Java (WDJ). Die Nutzung der Web-Dynpro-für-ABAP-Technologie bietet hierbei den Vorteil, dass die eigentliche Steuerung des Datenzugriffs im Backend-System im Rahmen der Anwendungsnutzung ausschließlich über die im Backend vergebenen Rollen und Berechtigungen erfolgt. Dies ist für HCM-Anwendungen aktuell der Standard. Portalseitig erfolgt lediglich die Steuerung der Anzeige bestimmter Anwendungen/Anwendungsbereiche, auf die der Benutzer zugreifen darf.

In den nachfolgenden Abschnitten betrachten wir daher primär die Benutzerverwaltung der Portalanwender sowie die portalseitig relevanten Rollen zur Anwendungsanzeige.

Anbindung der User Management Engine (UME) an ABAP-Datenquellen

Die Anbindung eines Portals an ein ABAP-Backend erfolgt pro System einmalig über die Konfiguration sogenannter *Datenquellen*. Abbildung 5.2 zeigt über den Pfad SYSTEMADMINISTRATION • SYSTEMKONFIGURATION • UME-KONFIGURATION die an das Portal angebundene DATENQUELLE.

Hierbei wird die Datenquelle dataSourceConfiguration_abap.xml verwendet, die im SAP-Standard speziell für die Nutzung des User-Stores aus ABAP-Systemen ausgeliefert wird.

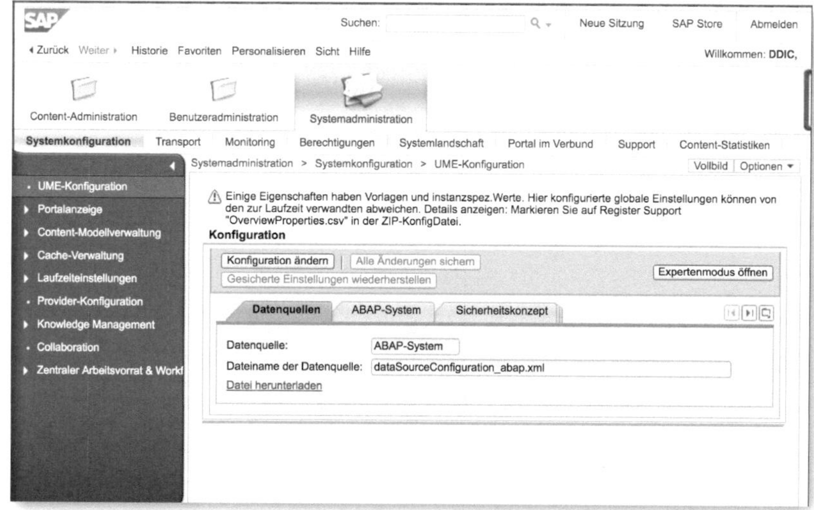

Abbildung 5.2: Anbindung eines ABAP-Systems als Datenquelle

Die Kommunikation zwischen Portal und User-Store erfolgt über definierte *RFC-Verbindungen*, wobei zwischen einer rein lesenden sowie einer RFC-Verbindung für ändernde Zugriffe unterschieden werden kann. Diese Einstellungen nehmen Sie über den Reiter ABAP-SYSTEM (Abbildung 5.3) vor.

Konfiguration

Konfiguration ändern | Alle Änderungen sichern
Gesicherte Einstellungen wiederherstellen
Expertenmodus öffnen

Datenquellen | **ABAP-System** | Sicherheitskonzept

Konfiguration validieren

UME-RFC-Destination

UME-RFC-Destination: UMEBackendConnection

UME-RFC-Destination für Änderungen: UMEBackendConnection

LDAP-Integration

☐ LDAP-Integration aktiviert

Abbildung 5.3: RFC-Verbindungen für die UME-Kommunikation

Die RFC-Verbindung erfordert für die Anbindung eines ABAP-basierten User-Stores, dass ein SAP-Benutzer mit entsprechenden Berechtigungen für die Verbindung zur Benutzerdatenbank im Zielmandanten des Backendsystems mit Passwort hinterlegt wird. Nach den Empfehlungen der SAP ist hierfür der Benutzer »SAPJSF« zu verwenden und mit den entsprechenden Berechtigungen auszustatten.

Grundlagen für Berechtigungen im Portal/in der Java-Umgebung

Analog zum AS ABAP (z. B. Berechtigungen für Transaktionen im SAP GUI) kann auch im AS Java der Zugriff auf Anwendungen sowie Daten über die Vergabe von Berechtigungen gesteuert werden, wobei das Berechtigungskonzept ebenfalls rollenbasiert ist. Über die gerade beschriebene UME bzw. das darin enthaltene Identity-Management können sogenannte *UME-Rollen*, *UME-Aktionen* und *UME-Gruppen* verwaltet und den jeweiligen Benutzern zugeordnet werden. Über die UME-Rollen hinausgehend, beinhaltet AS Java außerdem noch sogenannte *J2EE-Sicherheitsrollen*, die nicht über die Administrationswerkzeuge der UME verwaltet oder zugewiesen werden können, sowie Zugriffskontrolllisten (*Access Control Lists, ACLs*).

5.2 Portal-Objekte

Die Darstellung der Inhalte im Portal basiert auf einer Art Baukastensystem aus iViews, Seiten, Rollen, Worksets und Gruppen, wobei ein iView die kleinste Einheit darstellt.

iView

Ein *iView* (integrated view) ermöglicht, das Portal mit jeder beliebigen Informationsquelle zu verbinden, unabhängig davon, wo und in welchem System sich diese befindet. Nach dem Start eines iViews können aktuelle Informationen aus den unterschiedlichsten Quellen abgerufen werden, z. B. aus relationalen Datenbanken, ERP- und CRM-

Systemen, Unternehmensanwendungen, Intranet, Internet und aus E-Mail-Exchange-Systemen. Die eigentliche Berechtigungssteuerung findet auf dem Backend (z. B. SAP HR) statt. iViews werden Seiten und/oder Worksets als sogenannte *Deltalinks* zugeordnet, d. h., durch eine Änderung eines iViews werden zugleich alle Seiten aktualisiert, die das iView enthalten. Für die Erstellung von iViews ist im Auslieferungsstandard des Enterprise Portals bereits eine Vielzahl von Templates, etwa für die Anbindung von SAP-Systemen, vorhanden.

Seite

Eine *Seite* besteht aus einem Layout (ein bis drei Spalten in definierter Anordnung) und zugeordneten Inhalten; dies können iViews oder weitere Seiten sein.

Seiten werden Worksets als Deltalink zugeordnet. Dadurch werden Änderungen an Seiten automatisch an die zugehörigen Worksets vererbt.

Rolle

Eine *Rolle* im Portal ist je nach Ausprägung (UME-Rolle, Portalrolle, Sicherheitsrolle) eine Sammlung von Aufgaben, Diensten, Informationen und Berechtigungen, die für eine Gruppe von Benutzern verfügbar ist. Eine Rolle bestimmt, auf welche Dienste der Benutzer zugreifen kann. Eine Portalrolle steuert zudem die Darstellung der Inhalte und die Navigationsstruktur für den Benutzer.

Worksets

Worksets sind reine Strukturelemente für Verzweigungen im Menüaufbau der Navigation. Sie bündeln iViews und Seiten in Ordnern und ermöglichen so, die Inhalte einer Rolle zu strukturieren und gewisse Hierarchien einzuführen. Dementsprechend können Worksets nur Rollen, nicht aber Benutzern direkt zugewiesen werden. Worksets sind generische, wiederverwendbare Strukturen. Ein Workset kann in einer beliebigen Anzahl von Rollen verwendet werden, wobei eine Rolle aus einer Reihe verschiedener Worksets bestehen kann. Ein Workset, das einem Portal hinzugefügt werden soll, ist daher immer Bestandteil einer Rolle.

Gruppen

Gruppen dienen der Zusammenfassung mehrerer Benutzer und können zudem weitere Gruppen enthalten.

Zulässige Unterelemente für Objekte

In Tabelle 5.1 sind die zulässigen Unterobjekte für die einzelnen Portalobjekte noch einmal als Übersicht aufgeführt.

Portalobjekt	zulässige Unterelemente
iView	kleinstes Element, keine weiteren Unterelemente
Seite	iViews und/oder Seiten
Workset	iViews und/oder Seiten und/oder Worksets
Rolle	iViews und/oder Seiten und/oder Worksets und/oder Rollen
Gruppe	Benutzer, weitere Gruppen

Tabelle 5.1: Portalobjekte und deren zulässige Unterelemente

Zuordnung von Portalobjekten

Einem Benutzer oder einer Gruppe, die Benutzer enthält, wird eine Rolle zugewiesen. Diese besteht aus einem Workset, das wiederum aus einer Seite und einem iView besteht. Die zugeordnete Seite enthält einen iView und eine weitere Seite mit zwei iVews.

Abbildung 5.4 soll die im Beispiel beschriebene Zuordnung der drei Portalobjekte verdeutlichen:

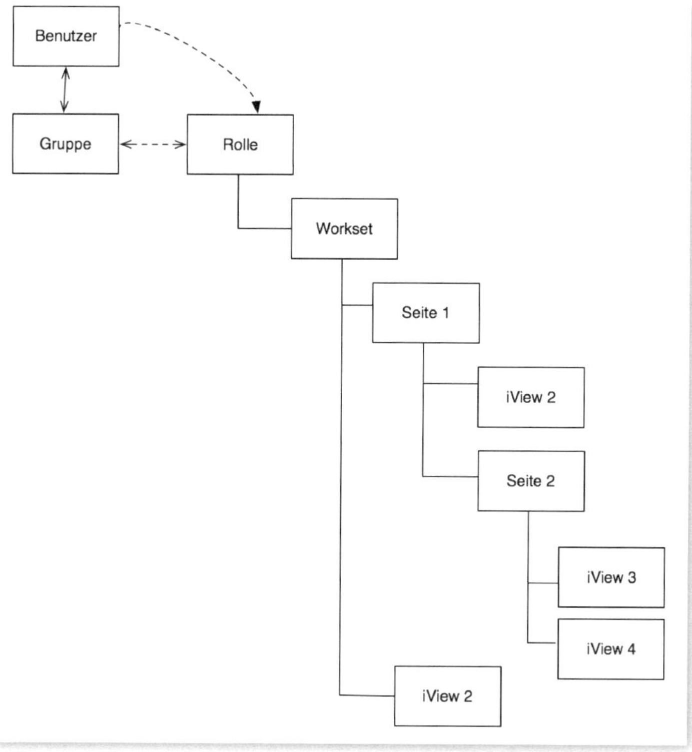

Abbildung 5.4: Zusammenspiel der Portalobjekte

Der zentrale Speicherort für alle Content-Objekte ist das sogenannte *Portal Content Directory* (PCD). Das PCD liegt physikalisch in der Datenbank der Portalinstallation. In ihm werden sowohl die im Standard von SAP ausgelieferten als auch die kundenspezifisch angelegten Portalobjekte wie z. B. iViews, Rollen und Worksets gespeichert.

Für die Berechtigungsvergabe bedeutet dies, dass nicht nur der Zugriff und die Berechtigungen für den Zugriff bzw. die Anzeige der Portalobjekte definiert werden müssen, sondern auch die Berechtigungen für den Zugriff auf die Ordner in der Hierarchie des PCD bzw. des Portalkatalogs.

5.3 Benutzerverwaltung

Das SAP Enterprise Portal bietet eine eigene Administrationsoberfläche (*https://<server>/useradmin*), über die alle Administrationsaufgaben zur Benutzer- und Portalrollen-Verwaltung durchgeführt werden können. Im Fall einer UME, die als Datenquelle ein angeschlossenes ABAP-System hat, bedingt die Nutzung der portalseitigen Administrationswerkzeuge (Ändern von Benutzerdaten, Neuanlage/Löschen von Benutzern) immer auch Änderungen an den Benutzerdaten im ABAP-Backend. Des Weiteren findet keine Trennung zwischen ABAP- oder Portal-relevanten Benutzer- bzw. Berechtigungsdaten statt. Das bedeutet, dass Benutzern über die portalseitige Administration auch ABAP-Rollen zugewiesen oder entzogen werden könnten. Abbildung 5.5 zeigt den Aufruf der IDENTITÄTSVERWALTUNG unter dem Einstiegspunkt BENUTZERADMINISTRATION. Wie hier zu sehen ist, werden bei der Suche zwei Benutzer aus der Datenquelle ABAP, also dem als UME verwendeten Backend-System, gefunden.

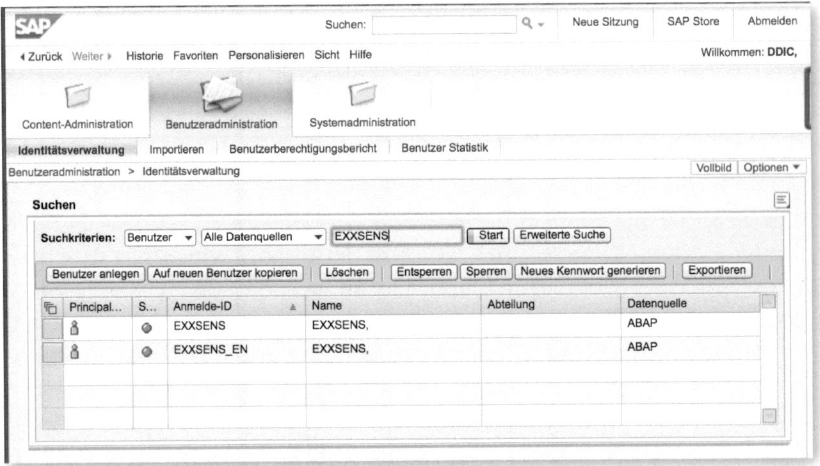

Abbildung 5.5: Benutzeradministration im Portal

Wenn wir nun einen der Benutzer markieren ❶ (Abbildung 5.6), sehen wir anschließend im unteren Bereich des Dynpros dessen Eigenschaften. Hier können wir u. a. die ZUGEORDNETEN GRUPPEN des Benutzers ❷ ansehen und pflegen.

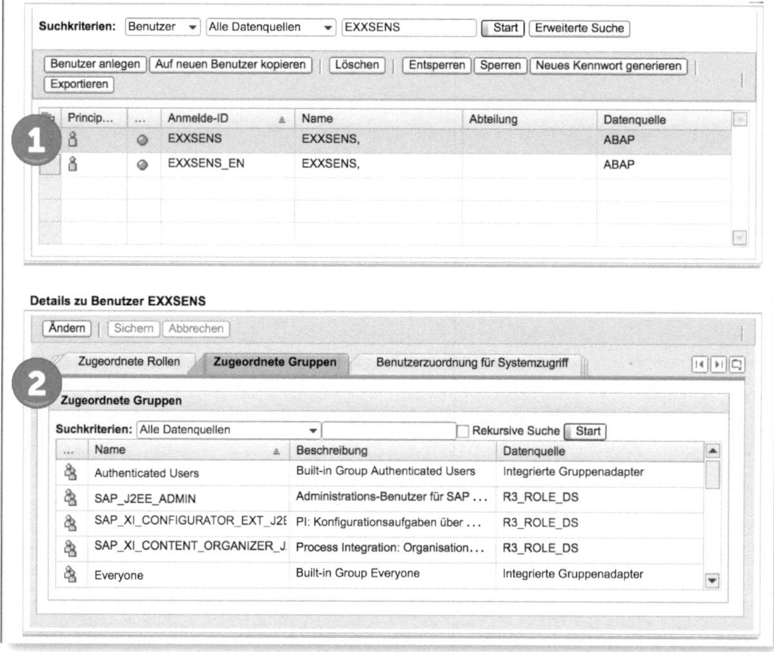

Abbildung 5.6: Anzeige eines Benutzers

Button »Start« für den Suchvorgang

In der Portal-Administration müssen Sie i. d. R. anders als in GUI-Anwendungen zuerst den Button START (hier rechts von den Suchkriterien) betätigen, damit die Daten geladen und angezeigt werden.

5.4 Rollen im Portal

Im Umfeld des SAP Enterprise Portals werden für die Berechtigungs- und Anzeigesteuerung drei unterschiedliche Arten von Rollen eingesetzt:

1. berechtigungssteuernde *UME-Rollen*,
2. *J2EE-Sicherheitsrollen* sowie
3. die auf Anzeigesteuerung ausgelegten *Portalrollen*.

Die gesamte Grundkonfiguration eines SAP-Portals bis zur Implementierung von Rollen zu beschreiben, würde den Rahmen innerhalb dieses Buches sprengen. Aus diesem Grund sollen in den folgenden Abschnitten die Elemente beschrieben und gegeneinander abgegrenzt werden.

5.4.1 UME-Rollen

UME-Rollen dienen dazu, den Anwendern Zugriff auf Java-Applikationen sowie deren Aktionen zu gewähren. Sie werden über die Funktionen des Identity-Managements im Portal verwaltet und von dort den jeweiligen Benutzern oder Gruppen zugewiesen. Die UME-Rollen enthalten Berechtigungen, die im Quellcode der Java-Applikationen als Berechtigungsprüfung in Form sogenannter *Permissions* definiert worden sind. Permissions sind mit ABAP-Berechtigungsobjekten vergleichbar. Sie werden innerhalb der Anwendung bei Ausführung von Aktionen (z. B. Lesen, Ändern, Schreiben) gegen die dem Benutzer zugewiesenen UME-Rollen geprüft. Permissions werden in XML-Dateien definiert und in UME-Aktionen gebündelt. Sie können den Benutzern nicht direkt, sondern ausschließlich über UME-Rollen zugewiesen werden.

Darüber hinaus unterstützten UME-Rollen programmatische Berechtigungsprüfungen, d. h., die Java-Applikation prüft zur Laufzeit die Existenz von UME-Rollen des aufrufenden Benutzers und steuert hierüber die Anzeige von Bedienelementen. Somit können innerhalb einer Java-Applikation bestimmte Elemente für einen Benutzer sichtbar sein, die für einen Benutzer ohne entsprechende UME-Rolle verborgen bleiben.

Die SAP liefert für die relevanten Produkte Standard-UME-Rollen aus, wobei diese je nach Anwendung (z. B. Enterprise Portal, Process Integration, Supplier Relationship Management etc.) variieren. Typische UME-Standardrollen sind etwa »Administrator« für die Verwaltung von Benutzern oder »Everyone« für grundlegende Berechtigungen im AS Java, die jedem Benutzer zuzuweisen sind.

5.4.2 Portalrollen

In Ergänzung zu den UME-Rollen, die primär der Berechtigungssteuerung des Zugriffs auf J2EE-Applikationen dienen, legen auch Portalrollen im Enterprise Portal fest, was Benutzer dürfen, jedoch hat jeder Rollentyp einen anderen Fokus.

Im Gegensatz zu UME-Rollen, die definieren, welche Berechtigungen ein Benutzer zum Ausführen von Anwendungen auf dem SAP-Java-Application-Server hat, legen Portalrollen fest, wie der Content gruppiert ist, den der Benutzer im Portal angezeigt bekommt. Die Zuordnung einer Portalrolle zu einem Benutzer oder einer Gruppe bedingt, welchen Content ein Benutzer im Portal sieht. Somit wird über diese Systematik vorgegeben, was ein Benutzer auf dem Portal ausführen, welche Anwendungen er also starten kann. Welche Berechtigungen der Benutzer innerhalb der Anwendung besitzt (z. B. Anzeigen/Ändern von Daten), wird nicht über die Portalrolle, sondern über die im SAP-Backend vorhandenen Berechtigungen gesteuert.

Portalrollen setzen sich aus verschiedenen Einzelelementen (iViews, Worksets und Ordnern) zusammen, die für den Benutzer in der Summe die gesamte Navigationsstruktur definieren. Die im System vorhandenen Portalrollen können Sie sich über den Pfad BENUTZERADMINISTRATION • IDENTITÄTSVERWALTUNG anzeigen lassen (Abbildung 5.7). Hier können Sie anschließend über die Auswahl der SUCHKRITERIEN nach Portalrollen suchen.

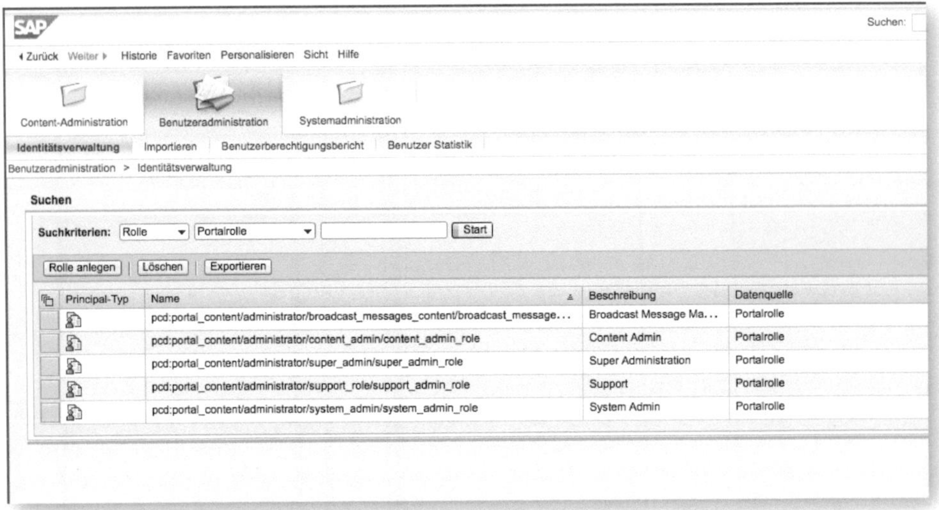

Abbildung 5.7: Portalrollen

Darüber hinaus können Portalrollen auch UME-Aktionen und UME-Rollen enthalten. Sie ergeben somit einen definierten Umfang von Portal-Content inkl. entsprechender Berechtigungen. Anders als die UME-Rollen, die in den Benutzerverwaltungstabellen der AS-Java-Datenbank abgelegt werden, sind Portalrollen im Portal Content Directory gespeichert. Der unterschiedliche Ablageort deutet bereits an, dass die Verwaltung der Portalrollen nicht über das Identity Management erfolgt. Sie werden ausschließlich über den Rolleneditor des Portal Content Studios gepflegt.

Die gesamte Navigationsstruktur eines Benutzers wird durch die Summe aller ihm zugeordneten Portalrollen gebildet. Diese werden üblicherweise anhand von Arbeitsplatzbeschreibungen zusammengestellt.

5.4.3 J2EE-Sicherheitsrollen

Die dritte Option, um im Java-Umfeld Applikationen oder Services zu schützen, bietet der Einsatz von J2EE-Sicherheitsrollen (security roles) – eine abstrakte logische Gruppe von Berechtigungen.

Es wird hierbei im J2EE-Standard zwischen *deklarativen* und *programmatischen Sicherheitsrollen* unterschieden. Bei den deklarativen Sicherheitsrollen sind deren Berechtigungen nicht im Coding hinterlegt, sondern als Java-Rolle im Java-Container der Applikation definiert. Es wird lediglich bei Aufruf der Applikation überprüft, ob der aufrufende Benutzer über die notwendigen Berechtigungen verfügt. Deklarative Sicherheitsrollen sind daher nicht so granular steuerbar wie z. B. UME-Rollen.

Im Gegensatz dazu definiert der Entwickler bei den programmatischen Sicherheitsrollen die zugehörigen Berechtigungen im Quellcode der Anwendung. Die Prüfung der erforderlichen Berechtigungen des Benutzers erfolgt zur Laufzeit der Applikation unmittelbar bei Ausführung von Aktionen, sodass deren sehr feine Steuerung ermöglicht wird.

Ist eine Sicherheitsrolle definiert, kann sie in der Sicherheitsrollenzuordnung entweder einzelnen Benutzern oder Gruppen zugewiesen werden. Dies kann ausschließlich über den NetWeaver Administrator (NWA – Service Security Provider) erfolgen. Eine Administration über das Identity Management ist nicht möglich. Eine einem Benutzer zugeordnete Sicherheitsrolle gilt nur für ihn, eine einer Gruppe zugeordnete Sicherheitsrolle gilt für alle Mitglieder dieser Gruppe.

5.5 UME-Aktionen

Zur Berechtigungssteuerung werden den UME-Rollen die Permissions nicht direkt zugewiesen, sondern über *UME-Aktionen*. Diese fassen jeweils bestimmte, auf dem Portalserver in Form von XML-Dateien definierte Permissions zusammen. Die nachstehende Tabelle zeigt beispielhaft die grundlegenden UME-Aktionen aus dem Kontext »Benutzerverwaltung«.

UME-Aktion	Beschreibung
Manage_All	Administrationsberechtigungen für die gesamte Benutzer- und Rollenadministration sowie zur Konfiguration der UME
Manage_Users	Administrationsberechtigung, die Anwender nur Benutzer verwalten lässt, welche zum selben Unternehmen gehören wie der Anwender selbst
Read_All	Leseberechtigungen für alle Benutzerstammsätze, Rollen und Gruppen
Selfregister_User	Verwendung des Formulars zur Selbstregistrierung

Tabelle 5.2: Beispiele für UME-Aktionen

Alle angelegten UME-Rollen, Portalrollen und Aktionen können über das Identity Management im Portal angezeigt werden. Abbildung 5.8 zeigt beispielhaft die UME-Rolle »Administrator« ❶, der neben einer Vielzahl anderer Aktionen u. a. die UME-Aktion Manage_All ❷ zur Benutzerverwaltung zugewiesen ist.

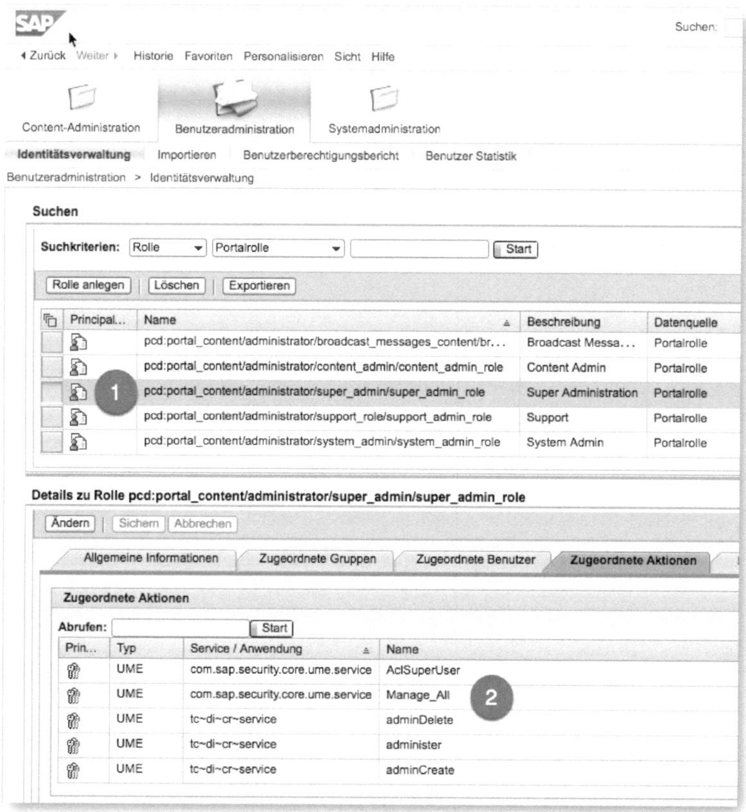

Abbildung 5.8: Beispiel einer Zuordnung von UME-Aktionen zu UME-Rolle

5.6 UME-Gruppen

UME-Gruppen können neben Benutzern auch UME-Rollen und Portalrollen enthalten. Hierbei ist ein hierarchischer Aufbau von UME-Gruppen möglich, bei dem eine UME-Gruppe sowohl über- als auch untergeordnete Gruppen enthalten kann.

Damit ein Anwender nun Berechtigungen erhält, werden die wir in Abschnitt 5.5 vorgestellten Aktionen UME-Rollen zugewiesen. UME-Rollen können eine oder mehrere UME-Aktionen auch aus verschiedenen Java-Applikationen enthalten. Die Zuweisung von UME-Rollen zu Benutzern nehmen Sie direkt oder über eine UME-Gruppe vor. Wird ein Benutzer einer UME-Gruppe zugeordnet, die ebenfalls UME-Rollen enthält, erhält der Benutzer automatisch alle in den UME-Rollen der Gruppe enthaltenen Berechtigungen.

Mittels UME-Rollen und somit UME-Aktionen erhalten die Portalbenutzer Zugriff auf Java-Applikationen sowie die Möglichkeit, Aktionen in ihnen auszuführen. Wenn darüber hinaus noch der Zugriff auf Daten im Backend-System aus einer Java-Applikation erforderlich ist (z.B. zur Anzeige von Daten aus SAP HCM), benötigt der Benutzer auch dafür eigene Zugriffsberechtigungen. Diese werden »klassisch« als ABAP-Rolle im SAP-Backend gepflegt. Die Zuordnung zu Benutzern erfolgt über UME-Gruppen.

Die ABAP-Rollen sind im Identity Management des Portals dann als UME-Gruppe (Datenquelle R3_ROLE_DS) sichtbar. Abbildung 5.9 zeigt die im ABAP-Backend (Abbildung 5.10) angelegte Rolle SAP_ESSUSER, die im Portal als korrespondierende UME-Gruppe zur Verfügung steht. Der Abgleich erfolgt im System über die Namensgleichheit von der Rolle im Backend und der UME-Gruppe im Portal. Die Anzeige im Portal rufen Sie über den Pfad BENUTZERADMINISTRATION • IDENTITÄTSVERWALTUNG auf.

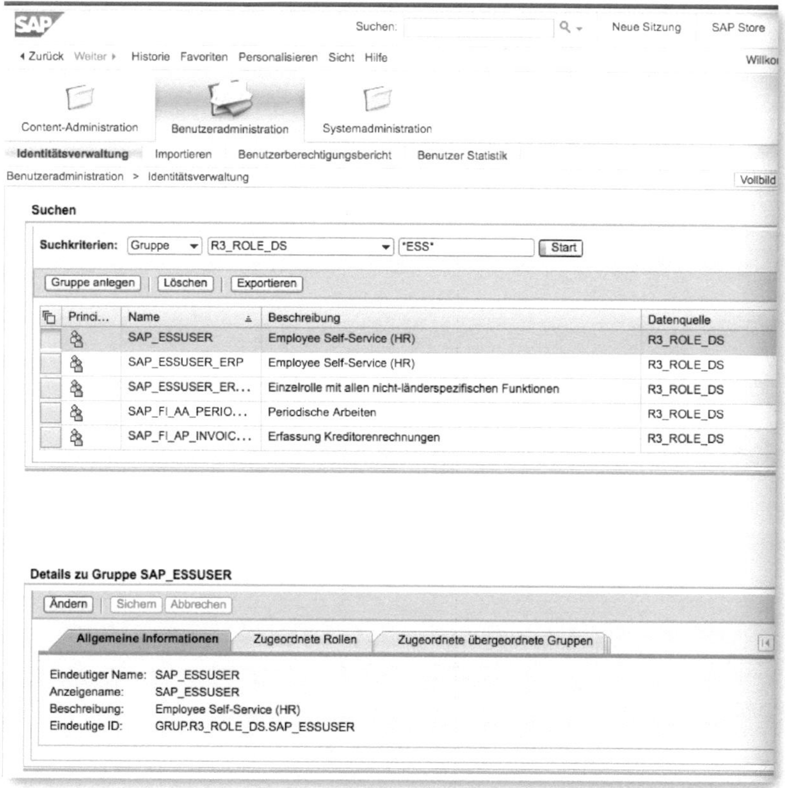

Abbildung 5.9: Anzeige von ABAP-Rollen als UME-Gruppe im Portal

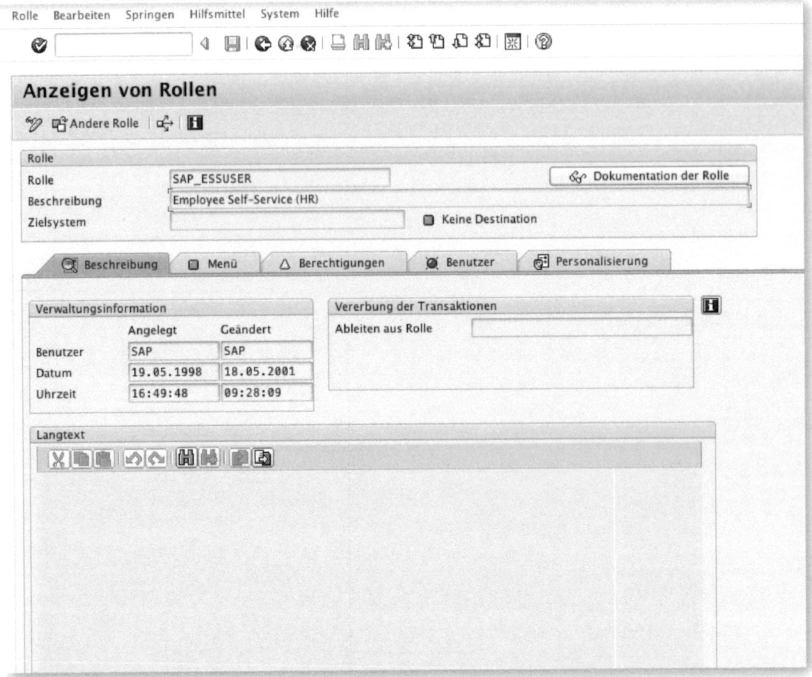

Abbildung 5.10: Anzeige der ABAP-Rolle im Backend

Sind einem Benutzer also eine oder mehrere ABAP-Rollen im Backend-System zugewiesen, ist dies im Identity Management des Portals an der Gruppenzuordnung des Benutzers erkennbar, in der sowohl UME-Rollen als auch ABAP-Rollen dargestellt werden. Abbildung 5.11 zeigt die dem Benutzer im Backend zugeordneten Rollen. Als Beispiel dient wieder die Rolle SAP_ESSUSER ❶.

Im Portal ist über den Pfad BENUTZERADMINISTRATION • IDENTITÄTSVERWALTUNG nach der Auswahl des Benutzers im Tab ZUGEORDNETE GRUPPEN die Zuordnung der Rolle SAP_ESSUSER ❶ über die Datenquelle R3_ROLE_DS sichtbar (siehe Abbildung 5.12).

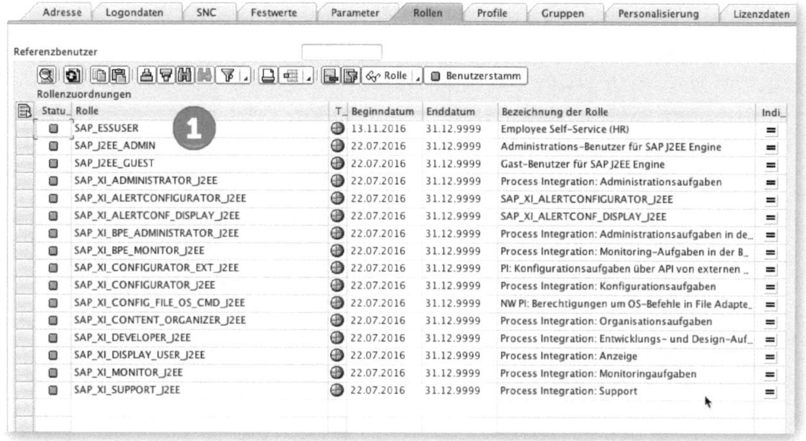

Abbildung 5.11: Zugeordnete Backend-Rollen

Abbildung 5.12: Ansicht der zugeordneten Gruppe SAP_ESSUSER im Portal

Zuordnung von UME-Gruppen aus Backend-Rollen

Die Zuordnung von Benutzern zu UME-Gruppen, die aus ABAP-Backend-Rollen stammen, kann nur im ABAP-Backend vorgenommen werden. Im Identity Management des Portals ist ausschließlich das Hinzufügen von UME-Rollen oder J2EE-Sicherheitsrollen möglich.

5.7 Zuweisung portalseitiger Rollen im Backend

Da die Benutzer- und Berechtigungsverwaltung i.d.R. für das Gesamtsystem (Portal und SAP-Backend) erfolgt, ist eine Zuordnung der im Portal erstellten Rollen im SAP-Backend sinnvoll (vgl. Abschnitt 5.6). Um dieses Ziel zu erreichen, ist zunächst eine ABAP-Rolle im Backend anzulegen. Diese wird dann im Identity Management des Portals als UME-Gruppe angezeigt (vgl. 5.6). Portalseitig können Sie nun eine gleichnamige UME-Rolle zur UME-Gruppe (= angelegte ABAP-Rolle) hinzufügen. Wird einem Benutzer in der Benutzerverwaltung des Backend-Systems die ABAP-Rolle zugewiesen, ist dieser portalseitig damit gleichzeitig Teil der UME-Gruppe und erhält automatisch die Berechtigungen der ihr zugeordneten UME- und Portalrollen. Die Zuordnung von Portalrolle zu UME-Gruppe erfolgt einmalig über das Identity Management im Portal. Danach kann die weitere Vergabe der portalseitigen Rollen durch entsprechende Zuweisung der ABAP-Rollen an die Benutzer im Backend erfolgen.

6 Benutzeradministration

Die Aufgaben der Benutzeradministration für die Komponente HCM bauen auf den üblichen Konzepten einer Berechtigungssteuerung in ERP-Systemen auf. Jedoch gibt es für das Personalmanagement einige Besonderheiten bzw. erweiterte Aufgaben zu beachten, die von der Benutzeradministration vorgenommen werden müssen.

Zur Unterstützung dieser Aufgaben stellt die SAP einige Werkzeuge und Funktionen zur Verfügung, die in diesem Kapitel vorgestellt werden sollen.

6.1 Die HR-Berechtigungs-Workbench

Für SAP HCM wird die Benutzer- und Berechtigungsadministration durch die Transaktion HRAUTH (HR-Berechtigungs-Workbench) unterstützt. In dieser Transaktion sind alle wesentlichen Funktionen für die HCM-spezifischen Bereiche vereint, sodass sie sich als zentrale Einstiegsstelle anbietet. Abbildung 6.1 zeigt die Transaktion nach dem Aufruf. Wozu die einzelnen Bereiche und Funktionen der Transaktion dienen, erfahren Sie in diesem Abschnitt.

Auf dem Tab ÜBERSICHT sehen Sie im oberen Bereich die für die HCM-Berechtigungssteuerung zur Verfügung stehenden BAdI-Definitionen ❶ und in der Spalte WERT deren Status, also eine ggf. vorhandene BAdI-Implementierung. Nähere Informationen zu diesen BAdI-Definitionen finden Sie im Kapitel 9.

Unterhalb sehen Sie die Übersicht der HR-Berechtigungshauptschalter (Schalter) ❷, die ich in Abschnitt 3.2 beschrieben habe, mit ihrem jeweiligen WERT.

Der Eintrag des Profils für den Benutzer SAP* mit dem Profil ALL unter ❸ ist erfolgt, da Benutzer ohne Zuordnung eines strukturellen Profils automatisch die Zuordnung des Benutzers SAP* erben.

Ungewollte Zuordnung des Profils ALL an Benutzer

Um durch eine fehlende Zuordnung von strukturellen Profilen zu Benutzern eine ungewollte Vererbung des Benutzers SAP*, der in der Standardkonfiguration uneingeschränkte Zugriffsrechte besitzt, auf andere Benutzer zu verhindern, muss der Eintrag mit der Zuordnung des Benutzer SAP* zum Profil ALL über die Transaktion OOSB gelöscht werden.

Im Bereich ❹ sehen Sie den Status der Pufferungsjobs (Job) für strukturelle Berechtigungen, die ich in Abschnitt 4.6 vorgestellt habe.

Zuletzt erhalten Sie im Bereich ❺ eine Übersicht über die Anzahl an Einträgen in den für die strukturelle Berechtigungsvergabe relevanten Datenbanktabellen (Tabelle).

Wechseln wir nun auf den Tab BENUTZERSPEZIFISCH.

Hier bietet die Workbench eine ganze Reihe nützlicher Auswertungen und Anzeigemöglichkeiten für einen Benutzer. Dazu müssen Sie im Eingabefeld BENUTZERNAME ❶ (Abbildung 6.2) einen Eintrag vornehmen und diesen mit der [Enter]-Taste bestätigen.

Anschließend ändert sich die Anzeige (Abbildung 6.3), und ein grüner Haken im linken Bereich ❶ signalisiert Ihnen, hinter welchem Button Informationen zum Benutzer (z. B. PERSONALNUMMER des Benutzers, STRUKTURELLE PROFILE etc.) zu finden sind. Im rechten Bereich ❷ werden Ihnen initial die dem Benutzer zugeordneten STRUKTURELLEN PROFILE angezeigt.

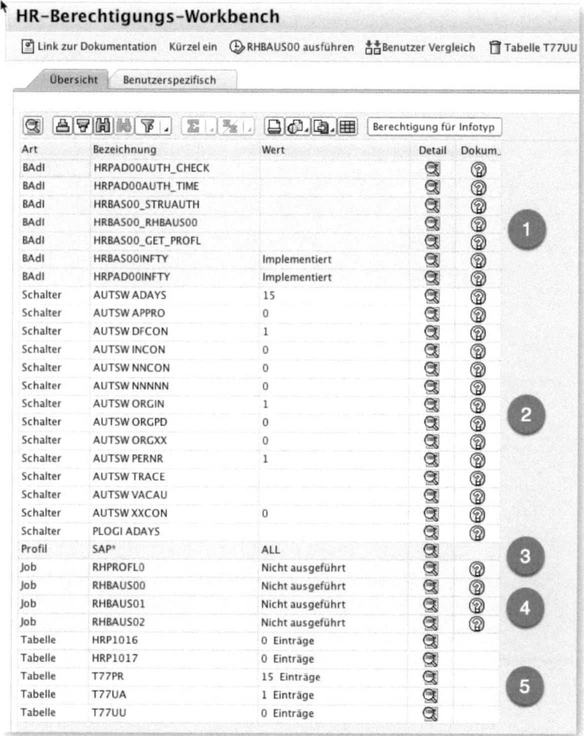

Art	Bezeichnung	Wert	Detail	Dokum.
BAdI	HRPAD00AUTH_CHECK			
BAdI	HRPAD00AUTH_TIME			
BAdI	HRBAS00_STRUAUTH			
BAdI	HRBAS00_RHBAUS00			
BAdI	HRBAS00_GET_PROFL			
BAdI	HRBAS00INFTY	Implementiert		
BAdI	HRPAD00INFTY	Implementiert		
Schalter	AUTSW ADAYS	15		
Schalter	AUTSW APPRO	0		
Schalter	AUTSW DFCON	1		
Schalter	AUTSW INCON	0		
Schalter	AUTSW NNCON	0		
Schalter	AUTSW NNNNN	0		
Schalter	AUTSW ORGIN	1		
Schalter	AUTSW ORGPD	0		
Schalter	AUTSW ORGXX	0		
Schalter	AUTSW PERNR	1		
Schalter	AUTSW TRACE			
Schalter	AUTSW VACAU			
Schalter	AUTSW XXCON	0		
Schalter	PLOGI ADAYS			
Profil	SAP*	ALL		
Job	RHPROFL0	Nicht ausgeführt		
Job	RHBAUS00	Nicht ausgeführt		
Job	RHBAUS01	Nicht ausgeführt		
Job	RHBAUS02	Nicht ausgeführt		
Tabelle	HRP1016	0 Einträge		
Tabelle	HRP1017	0 Einträge		
Tabelle	T77PR	15 Einträge		
Tabelle	T77UA	1 Einträge		
Tabelle	T77UU	0 Einträge		

Abbildung 6.1: Einstiegsbild der Transaktion HRAUTH

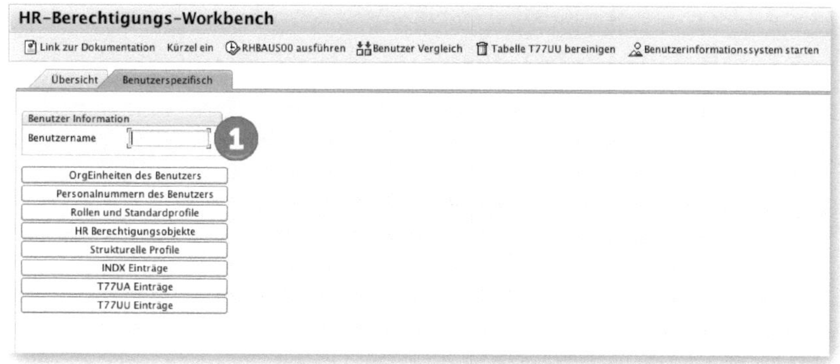

Abbildung 6.2: Übersicht der benutzerspezifischen Auswertungen

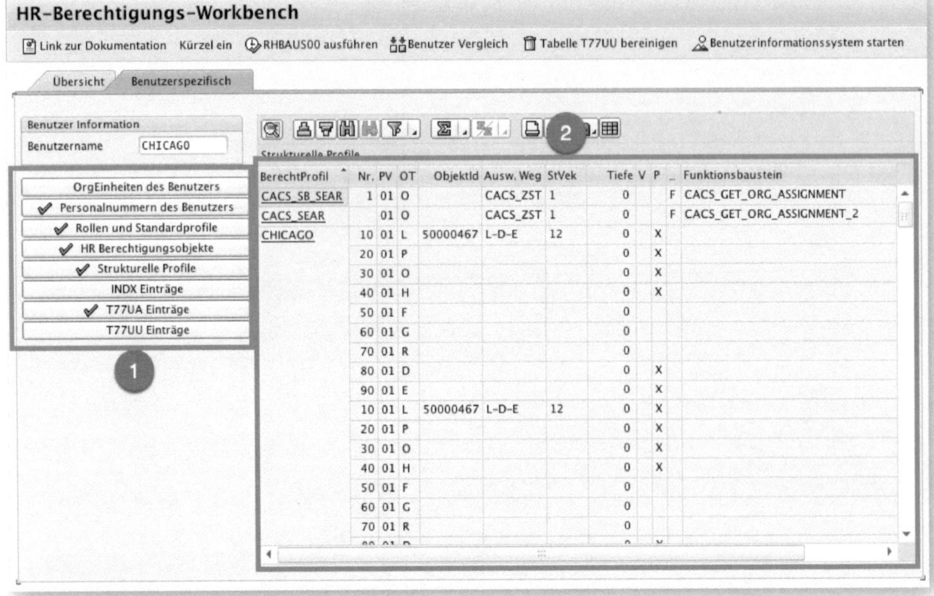

Abbildung 6.3: Anzeige der benutzerspezifischen Daten in der Transaktion HRAUTH

Mit Klick auf den Namen eines der Berechtigungsprofile bekommen Sie den Inhalt, also alle Objekte, die dem Benutzer über dieses Profil zugeordnet sind, angezeigt (Abbildung 6.4). Gerade bei der Fehlersuche und Analyse ist dies sehr hilfreich.

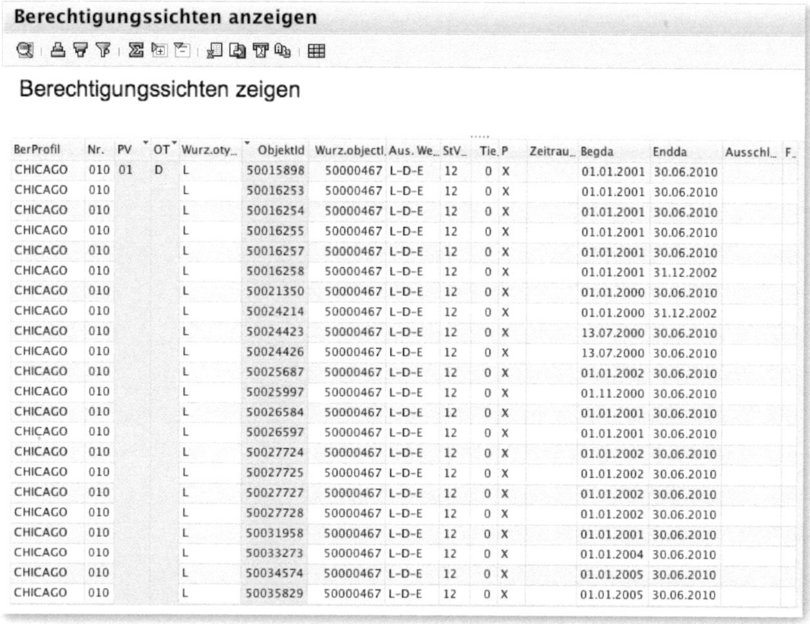

Berechtigungssichten anzeigen

Berechtigungssichten zeigen

BerProfil	Nr.	PV	OT	Wurz.oty...	ObjektId	Wurz.objectI.	Aus. We...	StV...	Tie.	P	Zeitrau...	Begda	Endda	Ausschl...	F...
CHICAGO	010	01	D	L	50015898	50000467	L-D-E	12	0	X		01.01.2001	30.06.2010		
CHICAGO	010			L	50016253	50000467	L-D-E	12	0	X		01.01.2001	30.06.2010		
CHICAGO	010			L	50016254	50000467	L-D-E	12	0	X		01.01.2001	30.06.2010		
CHICAGO	010			L	50016255	50000467	L-D-E	12	0	X		01.01.2001	30.06.2010		
CHICAGO	010			L	50016257	50000467	L-D-E	12	0	X		01.01.2001	30.06.2010		
CHICAGO	010			L	50016258	50000467	L-D-E	12	0	X		01.01.2001	31.12.2002		
CHICAGO	010			L	50021350	50000467	L-D-E	12	0	X		01.01.2000	30.06.2010		
CHICAGO	010			L	50024214	50000467	L-D-E	12	0	X		01.01.2000	31.12.2002		
CHICAGO	010			L	50024423	50000467	L-D-E	12	0	X		13.07.2000	30.06.2010		
CHICAGO	010			L	50024426	50000467	L-D-E	12	0	X		13.07.2000	30.06.2010		
CHICAGO	010			L	50025687	50000467	L-D-E	12	0	X		01.01.2002	30.06.2010		
CHICAGO	010			L	50025997	50000467	L-D-E	12	0	X		01.11.2000	30.06.2010		
CHICAGO	010			L	50026584	50000467	L-D-E	12	0	X		01.01.2001	30.06.2010		
CHICAGO	010			L	50026597	50000467	L-D-E	12	0	X		01.01.2001	30.06.2010		
CHICAGO	010			L	50027724	50000467	L-D-E	12	0	X		01.01.2002	30.06.2010		
CHICAGO	010			L	50027725	50000467	L-D-E	12	0	X		01.01.2002	30.06.2010		
CHICAGO	010			L	50027727	50000467	L-D-E	12	0	X		01.01.2002	30.06.2010		
CHICAGO	010			L	50027728	50000467	L-D-E	12	0	X		01.01.2002	30.06.2010		
CHICAGO	010			L	50031958	50000467	L-D-E	12	0	X		01.01.2001	30.06.2010		
CHICAGO	010			L	50033273	50000467	L-D-E	12	0	X		01.01.2004	30.06.2010		
CHICAGO	010			L	50034574	50000467	L-D-E	12	0	X		01.01.2005	30.06.2010		
CHICAGO	010			L	50035829	50000467	L-D-E	12	0	X		01.01.2005	30.06.2010		

Abbildung 6.4: Anzeige der Objekte eines Profils

6.2 Benutzerpflege in der Transaktion SU01

Der Vollständigkeit halber möchte ich Ihnen noch die Transaktion SU01 zeigen (Abbildung 6.5). Hier erfolgt die Benutzeradministration analog zu den übrigen Modulen und Komponenten im ABAP-Stack. Falls bei Ihnen ein Portal im Einsatz ist und Sie sich für die Zuordnung von portalseitigen Rollen im Backend entschieden haben (vgl. Abschnitt 5.7), so erfolgt diese auch hier über den Tab ROLLEN.

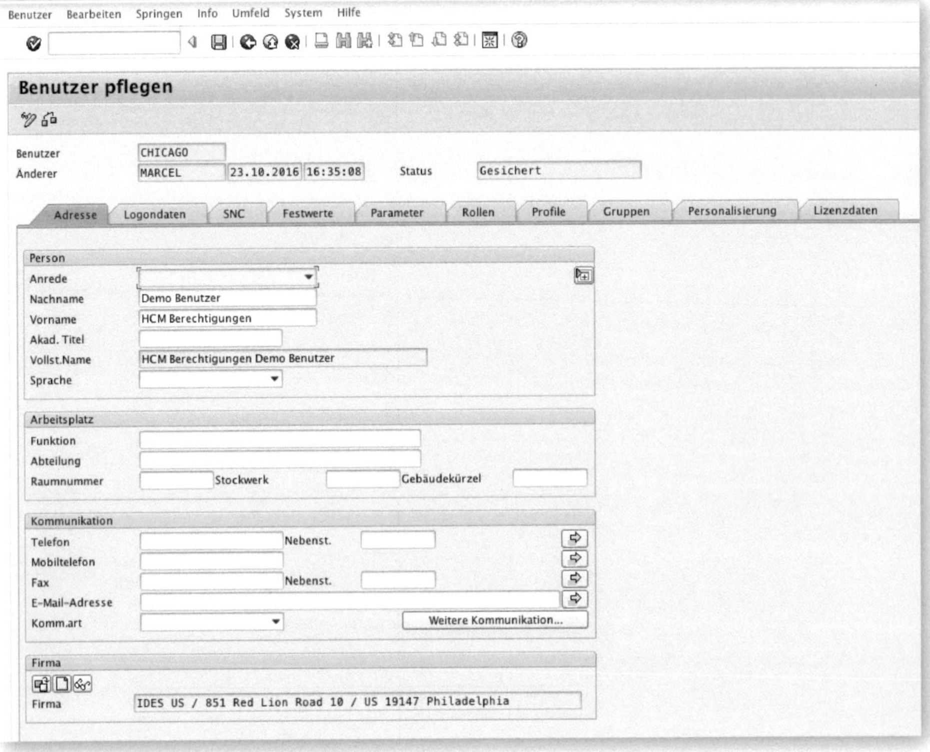

Abbildung 6.5: Transaktion SU01

6.3 Pflege der Tabelle T77UA

Beim Einsatz von strukturellen Berechtigungen gehört die Pflege der *Tabelle T77UA* über die Transaktion OOSB ebenfalls zu den Aufgaben der Benutzerverwaltung. Das Vorgehen und die Bedeutung dieser Pflege finden Sie im Abschnitt 4.2.

6.4 Pflege des Infotyps 0105 – Subtyp 0001

Um einem Mitarbeiter Zugriff auf den eigenen Personalfall zu gewähren (z. B., um innerhalb eines ESS-Szenarios Daten zu ändern), wird das Berechtigungsobjekt P_PERNR verwendet (vgl. Abschnitt 3.2.10). Damit das System eine Zuordnung zwischen dem SAP-Benutzer und dem Personalstamm des Mitarbeiters herstellen kann, muss der *Subtyp 0001* (Systembenutzername) zum *Infotyp 0105* (Kommunikationsdaten) gepflegt werden. Hierzu wird die Transaktion PA30, wie in Abbildung 6.6 zu sehen, verwendet. Nach der Auswahl des PERSONALSTAMMS tragen Sie die Nummern des INFOTYPS ❶ und des SUBTYPS ❷ ein. Anschließend klicken Sie zum Anlegen auf das weiße Blatt oben links ❸.

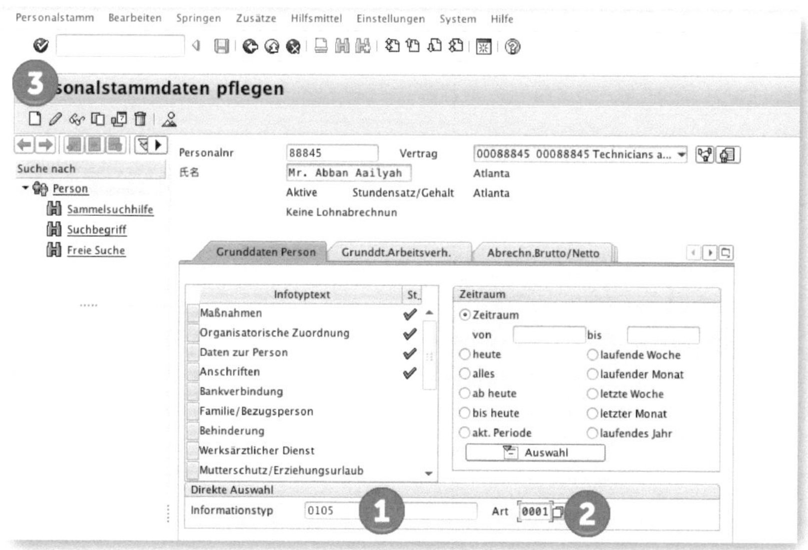

Abbildung 6.6: Aufruf des Infotyps 0105 – Subtyp 0001

Die Pflege dieses Subtyps (Abbildung 6.7) ist sehr einfach. Neben dem Gültigkeitszeitraum GÜLTIG ... BIS ❶ ist nur der Benutzername ❷ in das Feld SYSTEM-ID einzutragen.

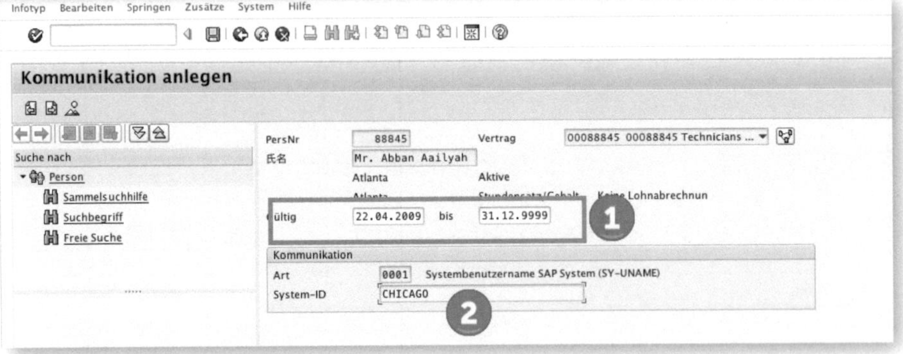

Abbildung 6.7: Pflege des Subtyps 0001 zum Infotyp 0105

Übernahme der Pflege des Subtyps durch die Benutzeradministration

Die Benutzeradministration hat i.d.R. selbst keinen Zugriff auf die Mitarbeiterdaten des Unternehmens. Sofern die Aufgabe der Infotypen-Pflege bei der Benutzeradministration angesiedelt wird, müssen entsprechende Berechtigungen für die Mitarbeiterpflege für den Infotypen 0105 in die Rolle der Benutzeradministration aufgenommen werden. Damit die Benutzeradministration grundsätzlich Zugriff auf den Personalfall hat, wird weiterhin der lesende Zugriff auf die Infotypen 0000–0002 benötigt.

7 Datenschutz

Die Nutzung von integrierten ERP-Systemen wie z. B. SAP führt zu einer weitgehenden Automatisierung und Standardisierung betrieblicher Abläufe und Prozesse. Für das System muss also sichergestellt werden, dass nur berechtige Benutzer auf personenbezogene Daten zugreifen können – und auch nur auf solche, die für die Aufgabenerfüllung benötigt werden. Hier ist insbesondere die Angemessenheit der Berechtigungsvergabe ausschlaggebend.

Neben den gesetzlichen Anforderungen, die für die Verarbeitung personenbezogener Daten zu berücksichtigen sind und die sich u. a. aus dem Bundesdatenschutzgesetz (BDSG) ergeben, kann sicher jeder Mitarbeiter nachvollziehen, dass gerade der Zugriff auf die sehr persönlichen Daten im HR-Bereich mit größter Sorgfalt geschützt und daher auf ein Minimum reduziert sein muss.

7.1 Prinzipien des Datenschutzes

Ein Berechtigungskonzept ist immer sehr eng mit einem *Datenschutzkonzept* verknüpft, da die sich daraus ergebenden Anforderungen zu einem Großteil über die Berechtigungen im System umgesetzt und definiert werden. Daher können aus dem *Datenschutz* folgende Prinzipien für diesen Aspekt eines Berechtigungskonzeptes herangezogen werden:

- Minimalprinzip,
- Identitätsprinzip,
- Funktionstrennungsprinzip,
- Genehmigungsprinzip,

- Standardprinzip,
- Schriftformprinzip und
- Kontrollprinzip.

Minimalprinzip

In Ziffer 3 der Anlage zu § 9 BDSG (siehe: *https://www.gesetze-im-internet.de/bdsg_1990/anlage.html*) ist festgelegt, dass Berechtigungen so vergeben werden müssen, dass nur auf die zur Aufgabenerfüllung notwendigen Daten zugegriffen werden kann. Somit muss die Gestaltung der Rollen in der Art erfolgen, dass diese lediglich die zur Erfüllung benötigten Funktionen enthalten und die Benutzer über die Rollenzuordnung nur Zugriff auf die Daten ihrer Zuständigkeit erhalten.

Identitätsprinzip

Den SAP-Anwendern werden je nach ihrer Zuständigkeit und ihren Aufgaben Rollen zugewiesen, die einen partiellen Zugriff auf sensible personenbezogene Daten ermöglichen. Um den Schutz dieser Daten zu gewährleisten bzw. Missbrauch zu vermeiden, muss genau zwischen den Aufgabenbereichen einzelner Rollen und Personen getrennt werden. Weiterhin muss zu jedem Zeitpunkt die Identität eines SAP-Benutzers zuordenbar sein.

Funktionstrennungsprinzip

Die Berechtigungen, die zur Ausführung von Arbeitsschritten eines kritischen Geschäftsprozesses benötigt werden, dürfen nicht alle an einen einzelnen SAP-Benutzer vergeben oder in einer einzigen Rolle gebündelt werden. Damit wird verhindert, dass einzelne Personen kritische Prozesse allein und ohne Kontrolle durchführen können.

Genehmigungsprinzip

Das *Genehmigungsprinzip* sieht vor, dass sämtliche Zuordnungen von Rollen/Berechtigungen bewilligt werden müssen. Hierzu sollte im Rahmen der Umsetzung des Berechtigungskonzeptes bzw. der Einführung eines SAP-Systems ein Prozess etabliert werden, der festlegt, dass Vorgesetzte die Rollenzuordnung von Mitarbeitern genehmigen.

Standardprinzip

Prinzipiell sollten die im SAP-Standard ausgelieferten Berechtigungssteuerungen so weit wie möglich genutzt und nur durch Customizing-Einstellungen wie z. B. die HR-Berechtigungshauptschalter (vgl. Abschnitt 3.2) angepasst werden. Auf Eigenentwicklungen und Modifikationen sollte, sofern dies möglich ist, verzichtet werden. Hierdurch wird der Wartungsaufwand niedrig gehalten. Abweichungen vom Standard in der Berechtigungssteuerung können weitreichende Folgen für die Wartung und Sicherheit des SAP-Systems haben.

Schriftformprinzip

Das Berechtigungskonzept muss in einer schriftlichen und abgestimmten Version vorliegen und einem sachkundigen Dritten darüber Auskunft geben, welche Einstellungen für die Berechtigungssteuerung sowie deren technische Realisierung im System vorgenommen wurden.

Kontrollprinzip

Bei der Einführung eines SAP-Systems müssen die Grundlagen für eine Kontrolle der Benutzer- und Berechtigungsadministration geschaffen werden. Es muss jederzeit nachvollziehbar sein, wer wann welche Berechtigungen zur Durchführung von Schritten in einem Geschäftsprozess innehatte.

7.2 Rollen für den Datenschutzbeauftragten

Zu den Aufgaben eines Datenschutzbeauftragten zählt u. a. die Prüfung auf Einhaltung der Datenschutzvorschriften, die zu einem Großteil durch die Berechtigungen abgebildet werden. Damit der Datenschutzbeauftragte dieser Tätigkeit selbstständig im System nachgehen kann, sollten dafür durch die Berechtigungsadministration eine oder mehrere Rollen zur Verfügung gestellt werden.

Im SAP-Standard werden aktuell 80 Standard-Rollen mit dem Präfix SAP_AUDIT* ausgeliefert (Abbildung 7.1), die zur Durchführung einer Systemprüfung geeignet sind. Jedoch müssen diese Rollen je nach Umsetzung der Systemeinstellungen und vorgenommenen Eigenentwicklungen bzw. Anforderungen des Datenschutzbeauftragten sinnvoll kombiniert werden. So gibt es, wie in Abbildung 7.1 zu sehen, einige Basis-Rollen für den Datenschutz.

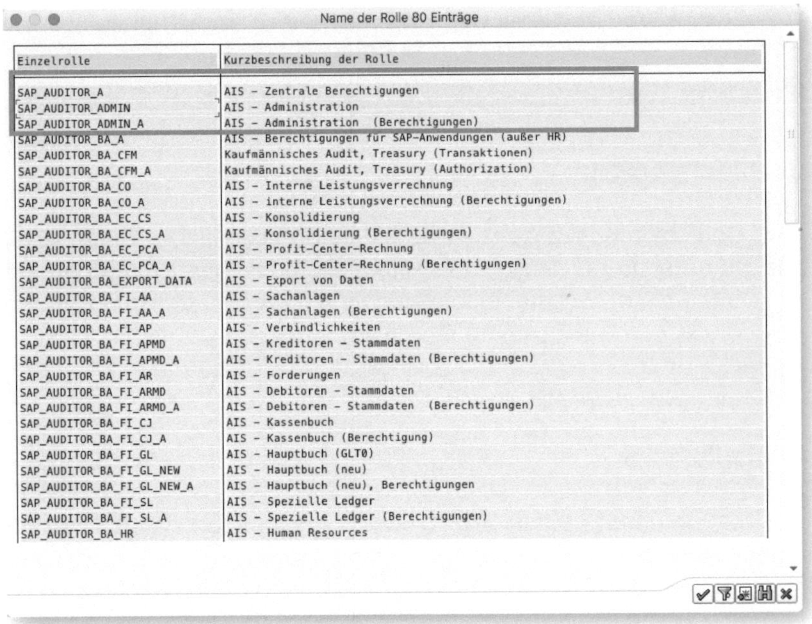

Name der Rolle 80 Einträge

Einzelrolle	Kurzbeschreibung der Rolle
SAP_AUDITOR_A	AIS - Zentrale Berechtigungen
SAP_AUDITOR_ADMIN	AIS - Administration
SAP_AUDITOR_ADMIN_A	AIS - Administration (Berechtigungen)
SAP_AUDITOR_BA_A	AIS - Berechtigungen für SAP-Anwendungen (außer HR)
SAP_AUDITOR_BA_CFM	Kaufmännisches Audit, Treasury (Transaktionen)
SAP_AUDITOR_BA_CFM_A	Kaufmännisches Audit, Treasury (Authorization)
SAP_AUDITOR_BA_CO	AIS - Interne Leistungsverrechnung
SAP_AUDITOR_BA_CO_A	AIS - interne Leistungsverrechnung (Berechtigungen)
SAP_AUDITOR_BA_EC_CS	AIS - Konsolidierung
SAP_AUDITOR_BA_EC_CS_A	AIS - Konsolidierung (Berechtigungen)
SAP_AUDITOR_BA_EC_PCA	AIS - Profit-Center-Rechnung
SAP_AUDITOR_BA_EC_PCA_A	AIS - Profit-Center-Rechnung (Berechtigungen)
SAP_AUDITOR_BA_EXPORT_DATA	AIS - Export von Daten
SAP_AUDITOR_BA_FI_AA	AIS - Sachanlagen
SAP_AUDITOR_BA_FI_AA_A	AIS - Sachanlagen (Berechtigungen)
SAP_AUDITOR_BA_FI_AP	AIS - Verbindlichkeiten
SAP_AUDITOR_BA_FI_APMD	AIS - Kreditoren - Stammdaten
SAP_AUDITOR_BA_FI_APMD_A	AIS - Kreditoren - Stammdaten (Berechtigungen)
SAP_AUDITOR_BA_FI_AR	AIS - Forderungen
SAP_AUDITOR_BA_FI_ARMD	AIS - Debitoren - Stammdaten
SAP_AUDITOR_BA_FI_ARMD_A	AIS - Debitoren - Stammdaten (Berechtigungen)
SAP_AUDITOR_BA_FI_CJ	AIS - Kassenbuch
SAP_AUDITOR_BA_FI_CJ_A	AIS - Kassenbuch (Berechtigung)
SAP_AUDITOR_BA_FI_GL	AIS - Hauptbuch (GLT0)
SAP_AUDITOR_BA_FI_GL_NEW	AIS - Hauptbuch (neu)
SAP_AUDITOR_BA_FI_GL_NEW_A	AIS - Hauptbuch (neu), Berechtigungen
SAP_AUDITOR_BA_FI_SL	AIS - Spezielle Ledger
SAP_AUDITOR_BA_FI_SL_A	AIS - Spezielle Ledger (Berechtigungen)
SAP_AUDITOR_BA_HR	AIS - Human Resources

Abbildung 7.1: Standard-Audit-Rollen

Für den Bereich HCM werden diesbezüglich ebenfalls zwei Rollen (Abbildung 7.2) ausgeliefert.

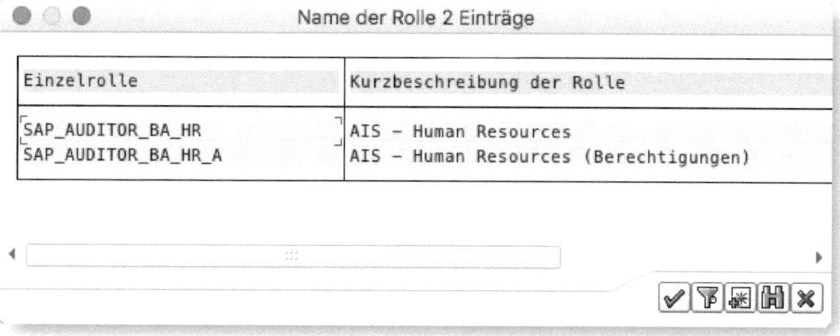

Name der Rolle 2 Einträge

Einzelrolle	Kurzbeschreibung der Rolle
SAP_AUDITOR_BA_HR	AIS - Human Resources
SAP_AUDITOR_BA_HR_A	AIS - Human Resources (Berechtigungen)

Abbildung 7.2: Standard für den Datenschutz im HCM

Die Abstimmung mit den an Audits beteiligten Personen in einem Unternehmen hat sich in den vergangenen Jahren immer wieder als große und zum Teil sehr zeitaufwendige Aufgabe herausgestellt. Gerade wenn der Kunde ein SAP-System neu einführt und noch keine Erfahrung mit den Möglichkeiten und Mechanismen der Software hat, fällt eine sinnvolle Definition von Anforderungen, die durch die Berechtigungsadministration umzusetzen sind, besonders schwer.

Auf der Seite der Forschungs- und Beratungsgesellschaft Informationstechnologie mbH (FORBIT, siehe *https://www.forbit.de/materialien/sap-ueberpruefung-fuer-datenschutzbeauftragte-und-betriebsraete/*) werden Rollen für den Datenschutz beschrieben und auch als Downloads zur Verfügung gestellt, die als Ansatzpunkt für die eigene Entwicklung ähnlicher Rollen im Unternehmen dienen können.

Weiterhin wird auf der Seite der Deutschsprachigen SAP-Anwendergruppe e.V. (DSAG, siehe *https://www.dsag.de/arbeitsgremien/ag-datenschutz-im-ak-revision/risikomanagement/details*) ein »Leitfaden Datenschutz SAP ERP« (Abbildung 7.3) zur Verfügung gestellt. Dieser enthält viele sehr nützliche Informationen zur Erstellung eines eigenen Datenschutzkonzeptes.

AG Datenschutz im AK Revision/Risikomanagement

Details

Am 19. September 2002 hat die Arbeitsgruppe "Datenschutz" ihre Arbeit aufgenommen. Sie zeichnet verantwortlich für die Leitfäden Datenschutz bei SAP R/3, SAP BIW und SAP CRM sowie diverse Entwicklungsanträge zur Gewährleistung gesetzlicher Anforderungen, etwa

- zur Erstellung eines Verfahrensregisters und
- zur Weiterentwicklung des AIS als Hilfsmittel für Datenschutzverantwortliche im R/3 System.

Kostenfreier Download

- Leitfaden Datenschutz SAP ERP *(Stand 2014)*
- Excel Prüfleitfaden Datenschutz
- Leitfaden Datenschutz für SAP CRM *(Stand 2005)*

Die Arbeitsgruppe wird auch zukünftig Hinweise für Datenschutzverantwortliche zur Umsetzung rechtlicher Anforderungen im Rahmen der Datenschutzleitfäden verfassen und auf die SAP hinsichtlich datenschutzkonformer Entwicklung ihrer Produkte einwirken. Schwerpunkte sind in der nächsten Zeit die Themen Datenschutz bei Einsatz von SAP Netweaver in Verbindung mit ECC, insbesondere den Komponenten HCM, BI und CRM. Die Arbeitsgruppe arbeitet hierzu eng mit anderen Arbeitskreisen der DSAG zusammen. Registrieren Sie sich für unsere Arbeitsgruppe im DSAGNet. Wir freuen uns auf Sie!

Abbildung 7.3: Leitfaden Datenschutz SAP ERP

8 Fehlersuche

Die Analyse fehlgeschlagener Berechtigungsprüfungen in SAP HCM unterscheidet sich von der in anderen Modulen, da hier neben der allgemeinen Berechtigungsprüfung über die Berechtigungsobjekte auch strukturelle Berechtigungen eine Rolle spielen. In diesem Kapitel möchte ich Ihnen beide Möglichkeiten zur Fehlersuche vorstellen.

Wir werden uns zunächst auf die Prüfungen und Analysen der allgemeinen Berechtigungsprüfung über Berechtigungsobjekte konzentrieren. Hierzu möchte ich Ihnen die drei zur Verfügung stehenden Werkzeuge, die Transaktionen SU53 (Abschnitt 8.1) und STAUTHTRACE (Abschnitt 8.2) sowie den Report RH_AUTH_CUST_CHECK (Abschnitt 8.3), der speziell für den Bereich HCM existiert, vorstellen. Zum Abschluss erhalten Sie noch einen Verweis auf die Option der Analyse mittels Debugging (Abschnitt 8.4).

8.1 Transaktion SU53

Der »Klassiker« für die Fehlersuche im Bereich Berechtigungen ist die Transaktion SU53. Sie ist i. d. R. allen Benutzern zugeordnet und ermöglicht es, die letzten fehlgeschlagenen Berechtigungsprüfungen anzuzeigen und diese an die Benutzeradministration zu übermitteln.

Der Benutzeradministrator kann sich allerdings auch direkt die fehlgeschlagenen Berechtigungsprüfungen anderer Benutzer anzeigen lassen. Hierzu startet er selbst die Transaktion SU53 und wählt anschließend den Button ANZEIGE FÜR ANDERE BENUTZER (Tastenkürzel [F5]), wie in Abbildung 8.4 zu sehen.

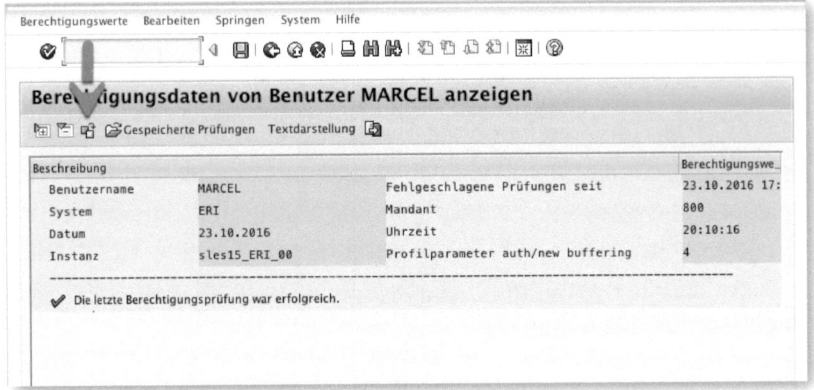

Abbildung 8.1: Aufruf der Transaktion SU53

Anschließend öffnet sich ein Pop-up (Abbildung 8.2), in das der BENUTZER eingegeben werden muss, für den die Auswertung angezeigt werden soll.

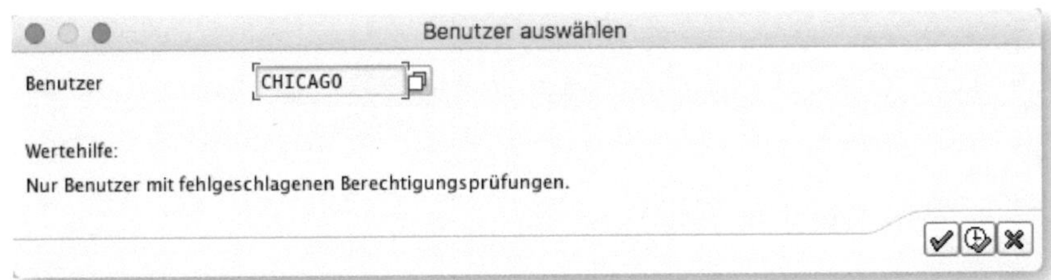

Abbildung 8.2: Benutzer zur Ansicht auswählen

Nachdem das Pop-up mit dem grünen Haken bestätigt wurde, wird die Auswertung für diesen Benutzer angezeigt (Abbildung 8.3). In meinem Beispiel hat sich der Benutzer lediglich am System angemeldet und anschließend versucht, die Transaktion PA30 zu starten. Diese fehlgeschlagene Berechtigungsprüfung sehen wir im Bereich ❶. Es ist jedoch noch eine weitere Fehlermeldung für den Aufruf der Transaktion PFCG ❷ im Protokoll zu sehen. Die Ursache für diesen Fehlereintrag ist ein Button für den Absprung in diese Transaktion, der auf dem Einstiegsbildschirm jedes SAP-Systems zu sehen ist und für den direkt nach dem Start eine Berechtigungsprüfung durchgeführt wird.

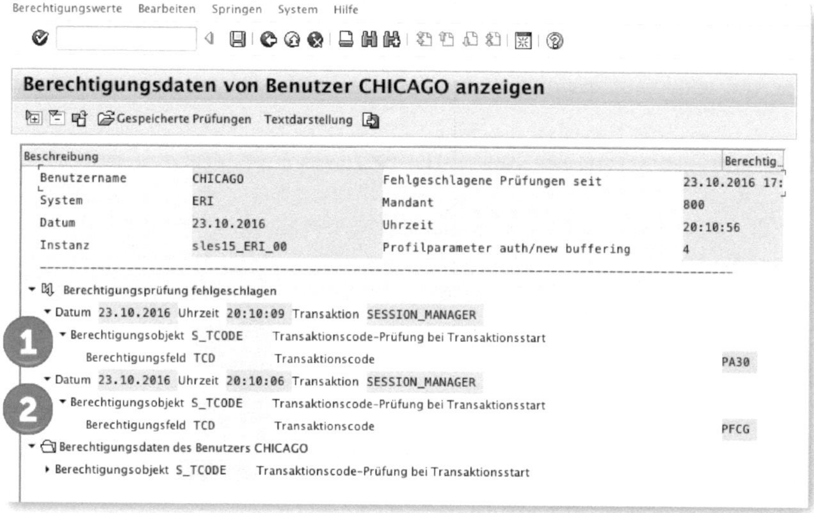

Abbildung 8.3: Anzeige der Auswertung für gewählten Benutzer

Verbindung zwischen Fehler und Aktion

Die sehr einfache Erklärung für den zweiten Fehlereintrag in Abbildung 8.3 zeigt auch eine Schwäche der Transaktion SU53. Die Fehlereinträge werden geschrieben, ohne dass eine Aufzeichnung proaktiv gestartet werden muss. Somit können veraltete Einträge die Auswertung von Fehlern erschweren, die durch die Administratoren erfolgt. Um dies zu verhindern, sollte der Aufruf des Administrators unmittelbar nach der Fehlersituation und in Abstimmung mit dem Anwender erfolgen.

8.2 Transaktion STAUTHTRACE

Mit dem OSS-Hinweis 1603756 »Berechtigungsprüfungen aufzeichnen mit StAuthTrace« hat die SAP die neue Transaktion STAUTHTRACE zur Verfügung gestellt. Diese Transaktion basiert auf dem Systemtrace (Transaktion ST01), erweitert diesen aber um einige Funktionen wie z. B. die ALV-Ausgabe sowie eine komfortablere Selektionsmöglichkeit für die Traceoptionen und Auswertungen, die der Berechtigungsadministration einfachere Analysen ermöglicht. Abbildung 8.4 zeigt den Einstiegsbildschirm der Transaktion. Dieser ist in vier Bereiche eingeteilt:

❶ Menü,

❷ TRACEINFORMATION,

❸ TRACEOPTIONEN und

❹ EINSCHRÄNKUNGEN FÜR DIE AUSWERTUNG.

Über das Menü haben Sie die Möglichkeit,

- die im System vorhandenen Tracedateien auszuwerten (Button Auswerten),
- den Trace mit den im Abschnitt ❸ vorgenommenen Konfigurationen zu starten (Button Trace einschalten),
- den laufenden Trace auszuschalten (Button Trace ausschalten) und
- auf den systemweiten Trace umzuschalten (Button Systemweiter Trace).

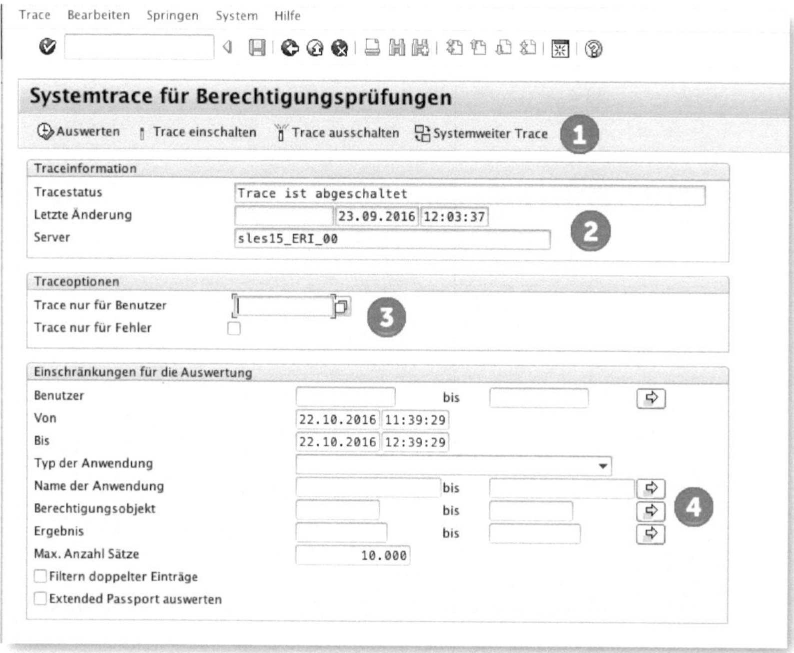

Abbildung 8.4: Einstiegsbildschirm der Transaktion STAUTHTRACE

Die letzte Option SYSTEMWEITER TRACE öffnet den in Abbildung 8.5 dargestellten Screen und ermöglicht es Ihnen, sofern das System auf mehreren Servern betrieben wird, den Trace für alle Server einzuschalten ❶. Ansonsten kann es passieren, dass Sie mit Ihrem Benutzer auf dem Server A angemeldet sind, der aufzuzeichnende Benutzer sich aber auf dem Server B befindet und somit Ihr Trace ein leeres Ergebnis liefert. Über den Button Lokaler Trace gelangen Sie wieder zurück zum Einstiegsbild. Vorgehen und Auswertung für den Trace sind bei dem systemweiten und dem lokalen Trace identisch. Aus diesem Grund erfolgt in der nachfolgenden Beschreibung keine weitere Differenzierung.

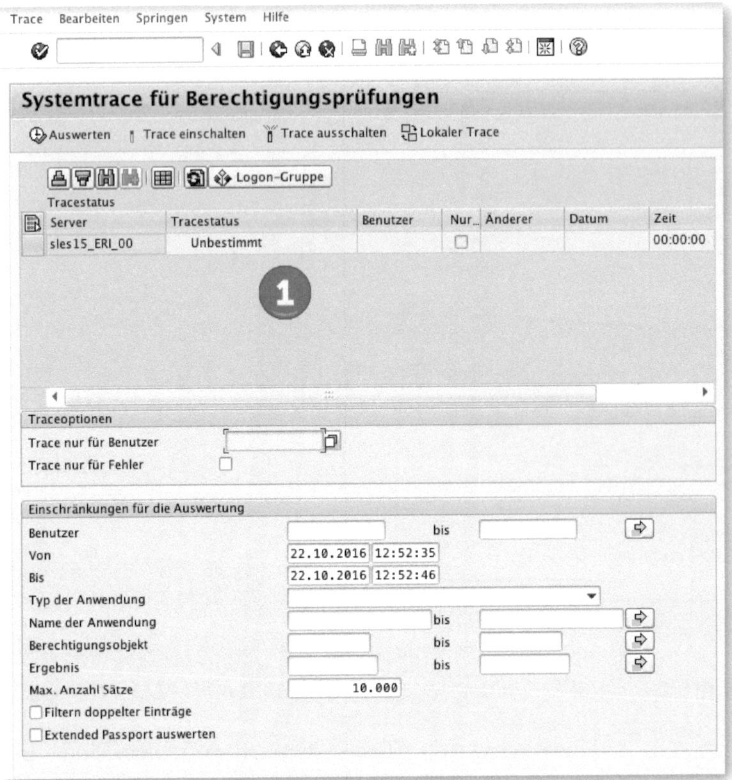

Abbildung 8.5: Systemweiter Trace

Lediglich ein Trace pro System verfügbar

Die Transaktion STAUTHTRACE verwendet technisch im Hintergrund den Systemtrace (Transaktion ST01). Aus diesem Grund steht in der STAUTHTRACE ebenfalls global nur ein Trace für alle Benutzeradministratoren zur Verfügung.

Im zweiten Bereich, den TRACEINFORMATIONEN (Abbildung 8.4), erhalten Sie einen Überblick über den aktuellen Status, also darüber, ob gerade ein Trace aktiv ausgeführt wird, wer diesen zuletzt aktiviert bzw. deaktiviert hat und auf welchem Server der Trace ausgeführt wird.

Im Abschnitt ❸ von Abbildung 8.4 wollen wir als Beispiel den Trace für einen Benutzer durchführen und schauen uns hierzu die beiden Eingabefelder TRACE NUR FÜR BENUTZER und TRACE NUR FÜR FEHLER an.

Abbildung 8.6: Traceoptionen

Einen Berechtigungstrace zur Fehleranalyse für einen Benutzer durchzuführen, verlangt, da es sich hierbei um eine aktive Aufzeichnung handelt, im Vorfeld ein paar Absprachen, damit die Daten im System zur Auswertung vorhanden sind. Der Berechtigungsadministrator muss den Trace für den aufzuzeichnenden Benutzer aktivieren, und der Benutzer sollte direkt im Anschluss die Aktion erneut anstoßen, für die er im Vorfeld keine Berechtigung hatte bzw. die zu einer Fehlersituation führte.

Mit dem folgenden Beispiel soll die Funktionsweise des Berechtigungstraces beschrieben werden.

Fehleranalyse beim Infotyp-Zugriff

Wir gehen davon aus, dass ein Anwender sich bei dem Berechtigungsadministrator gemeldet hat, da kein Zugriff auf den Infotyp 0014 möglich ist und er eine Fehlermeldung erhalten hat.

Ich aktiviere den Berechtigungstrace für einen Testbenutzer und lasse mir **alle** Prüfungen aufzeichnen, also ohne die Option TRACE NUR FÜR FEHLER.

Der Testbenutzer ruft anschließend die Transaktion PA20 auf und erhält die Ausgabe der Abbildung 8.7.

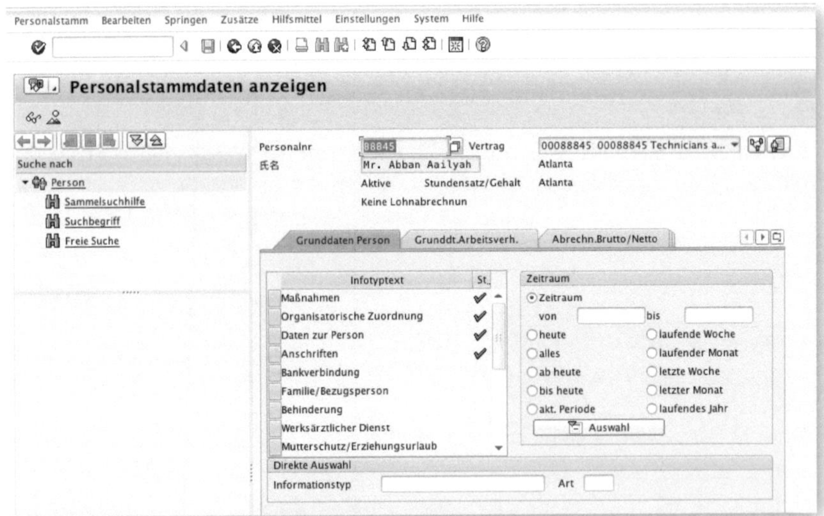

Abbildung 8.7: Aufruf der Transaktion PA20 durch den Testbenutzer

Dann deaktiviere ich den Berechtigungstrace wieder und lasse mir alle Aufzeichnungen der letzten zehn Minuten bis zum aktuellen Zeitpunkt anzeigen. Hierzu gebe ich im Bereich ❹ EINSCHRÄNKUNG FÜR DIE AUSWERTUNG (siehe Abbildung 8.4) den Zeitraum ein, den ich auswerten möchte, und starte die Auswertung über den Button Auswerten.

Einschränkungen für die Auswertung

Benutzer		bis	
Von	22.10.2016 16:50:00		
Bis	22.10.2016 17:00:00		
Typ der Anwendung			
Name der Anwendung		bis	
Berechtigungsobjekt		bis	
Ergebnis		bis	
Max. Anzahl Sätze	10.000		

☐ Filtern doppelter Einträge

☐ Extended Passport auswerten

Abbildung 8.8: Einschränkung für die Auswertung

Das Ergebnis des Berechtigungstraces zeigen Abbildung 8.9 und Abbildung 8.10.

Liste Bearbeiten Springen Einstellungen System Hilfe

Systemtrace für Berechtigungsprüfungen

Datum	Zeitpunkt	Benutzer	Typ	Anwendung	Programm	Pr…	Ergeb…	Ergebnis	Zu…
22.10.2016	16:56:50:620	CHICAGO	Transaktion	SESSION_MA…	SAPLSUSE		0	Berechtigungsprüfung erfolgreich	
22.10.2016	16:56:50:627	CHICAGO	Transaktion	PA20	CL_HRPAD…		0	Berechtigungsprüfung erfolgreich	
22.10.2016	16:56:50:852	CHICAGO	Transaktion	PA20	CL_HRPAD…		0	Berechtigungsprüfung erfolgreich	
22.10.2016	16:56:50:853	CHICAGO	Transaktion	PA20	CL_HRPAD…		0	Berechtigungsprüfung erfolgreich	
22.10.2016	16:56:50:856	CHICAGO	Transaktion	PA20	CL_HRPAD…		0	Berechtigungsprüfung erfolgreich	
22.10.2016	16:56:50:857	CHICAGO	Transaktion	PA20	CL_HRPAD…		0	Berechtigungsprüfung erfolgreich	
22.10.2016	16:56:50:861	CHICAGO	Transaktion	PA20	CL_HRPAD…		0	Berechtigungsprüfung erfolgreich	
22.10.2016	16:56:51:036	CHICAGO	Transaktion	PA20	CL_HRPAD…		0	Berechtigungsprüfung erfolgreich	
22.10.2016	16:56:51:059	CHICAGO	Transaktion	PA20	CL_HRPAD…		0	Berechtigungsprüfung erfolgreich	
22.10.2016	16:56:51:067	CHICAGO	Transaktion	PA20	CL_HRPAD…		0	Berechtigungsprüfung erfolgreich	
22.10.2016	16:56:51:068	CHICAGO	Transaktion	PA20	CL_HRPAD…		0	Berechtigungsprüfung erfolgreich	
22.10.2016	16:56:51:069	CHICAGO	Transaktion	PA20	CL_HRPAD…		0	Berechtigungsprüfung erfolgreich	
22.10.2016	16:56:51:071	CHICAGO	Transaktion	PA20	CL_HRPAD…		0	Berechtigungsprüfung erfolgreich	
22.10.2016	16:56:51:072	CHICAGO	Transaktion	PA20	CL_HRPAD…		0	Berechtigungsprüfung erfolgreich	
22.10.2016	16:56:51:073	CHICAGO	Transaktion	PA20	CL_HRPAD…		0	Berechtigungsprüfung erfolgreich	
22.10.2016	16:56:51:074	CHICAGO	Transaktion	PA20	CL_HRPAD…		0	Berechtigungsprüfung erfolgreich	

Abbildung 8.9: Ergebnis des Berechtigungstraces – Teil 1

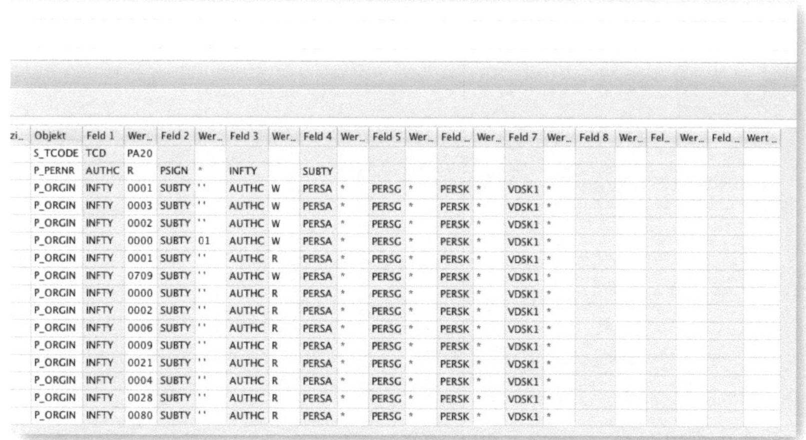

zi…	Objekt	Feld 1	Wer…	Feld 2	Wer…	Feld 3	Wer…	Feld 4	Wer…	Feld 5	Wer…	Feld …	Wer…	Feld 7	Wer…	Feld 8	Wer…	Fel…	Wer…	Feld …	Wert …
	S_TCODE	TCD	PA20																		
	P_PERNR	AUTHC	R	PSIGN	*	INFTY		SUBTY													
	P_ORGIN	INFTY	0001	SUBTY	''	AUTHC	W	PERSA	*	PERSG	*	PERSK	*	VDSK1	*						
	P_ORGIN	INFTY	0003	SUBTY	''	AUTHC	W	PERSA	*	PERSG	*	PERSK	*	VDSK1	*						
	P_ORGIN	INFTY	0002	SUBTY	''	AUTHC	W	PERSA	*	PERSG	*	PERSK	*	VDSK1	*						
	P_ORGIN	INFTY	0000	SUBTY	01	AUTHC	W	PERSA	*	PERSG	*	PERSK	*	VDSK1	*						
	P_ORGIN	INFTY	0001	SUBTY	''	AUTHC	R	PERSA	*	PERSG	*	PERSK	*	VDSK1	*						
	P_ORGIN	INFTY	0709	SUBTY	''	AUTHC	W	PERSA	*	PERSG	*	PERSK	*	VDSK1	*						
	P_ORGIN	INFTY	0000	SUBTY	''	AUTHC	R	PERSA	*	PERSG	*	PERSK	*	VDSK1	*						
	P_ORGIN	INFTY	0002	SUBTY	''	AUTHC	R	PERSA	*	PERSG	*	PERSK	*	VDSK1	*						
	P_ORGIN	INFTY	0006	SUBTY	''	AUTHC	R	PERSA	*	PERSG	*	PERSK	*	VDSK1	*						
	P_ORGIN	INFTY	0009	SUBTY	''	AUTHC	R	PERSA	*	PERSG	*	PERSK	*	VDSK1	*						
	P_ORGIN	INFTY	0021	SUBTY	''	AUTHC	R	PERSA	*	PERSG	*	PERSK	*	VDSK1	*						
	P_ORGIN	INFTY	0004	SUBTY	''	AUTHC	R	PERSA	*	PERSG	*	PERSK	*	VDSK1	*						
	P_ORGIN	INFTY	0028	SUBTY	''	AUTHC	R	PERSA	*	PERSG	*	PERSK	*	VDSK1	*						
	P_ORGIN	INFTY	0080	SUBTY	''	AUTHC	R	PERSA	*	PERSG	*	PERSK	*	VDSK1	*						

Abbildung 8.10: Ergebnis des Berechtigungstraces – Teil 2

Wie Sie an diesem kleinen Beispiel sehen, sind allein durch den Aufruf der Transaktion PA20 mehr als zehn Datensätze aufgezeichnet worden. Für jede im ABAP durchgeführte Berechtigungsprüfung mit dem Befehl AUTHORITY-CHECK finden wir in der Ausgabe nun eine Zeile. Die meisten Spalten der ALV-Ausgabe sind selbsterklärend, daher möchte ich an dieser Stelle nur auf einige eingehen. Die Anzahl der hier ausgegebenen Prüfungen erklärt sich dadurch, dass beim Aufruf der Transaktion der zuletzt angezeigte Personalfall erneut aufgerufen wird und hierbei auch die Berechtigungsprüfungen für die Ausgabe der Stammdaten ausgeführt werden, die schon auf der Übersicht und dem Infotypheader zu sehen waren (Abbildung 8.7). Die im System grün dargestellten Spalten signalisieren uns die erfolgreich durchgeführten Berechtigungsprüfungen. Hier sehen Sie in der Ergebnis-Spalte ERGEB. den Wert »0« sowie den erläuternden Text (ERGEBNIS) Berechtigungsprüfung erfolgreich. Somit ist bis zu diesem Zeitpunkt für unser Beispiel alles in Ordnung. Scrollt man in der ALV-Ausgabe nun weiter nach rechts, so sieht man die in der Abbildung 8.10 dargestellten Spalten mit den Angaben zum Berechtigungsobjekt (OBJEKT) sowie den einzelnen Felder und Werten, die für dieses Objekt geprüft wurden.

Weitere Einschränkungen für die Auswertung

Je nach Anwendungsfall ist es natürlich sinnvoll, die Auswertung noch weiter zu spezifizieren. Gerade wenn längere Aufzeichnungen durchgeführt wurden bzw. Sie sich in der Vergangenheit vorgenommene Aufzeichnungen anzeigen lassen, sollten Sie auf den BENUTZER einschränken.

Zehn Spalten in der Ausgabe für das Berechtigungsobjekt

In der Ergebnistabelle zum Berechtigungstrace sehen Sie immer Spalten für zehn Berechtigungsfelder zu einem Berechtigungsobjekt. Dies ist die maximale Anzahl, die in ein Objekt aufgenommen werden kann und die hier unabhängig vom Berechtigungsobjekt angezeigt wird.

Weiterhin lohnt sich ein Blick in die Toolbar der ALV-Ausgabe (Abbildung 8.11). Die Standard-Toolbar wurde hier um ein paar nützliche Funktionen und Absprungmöglichkeiten erweitert.

Abbildung 8.11: ALV-Toolbar der Auswertung

So können Sie über den Button direkt zur Stelle des ABAP-Quellcodes abspringen, an der diese Berechtigungsprüfung durchgeführt wurde. Der Button zeigt Ihnen das Berechtigungsobjekt mit seinen Feldern in einem extra Pop-up, wie wir es aus der SU21 kennen. Über dieses Pop-up oder den Button haben Sie ebenfalls die Möglichkeit, die Dokumentation zum Berechtigungsobjekt zu öffnen (Abbildung 8.12).

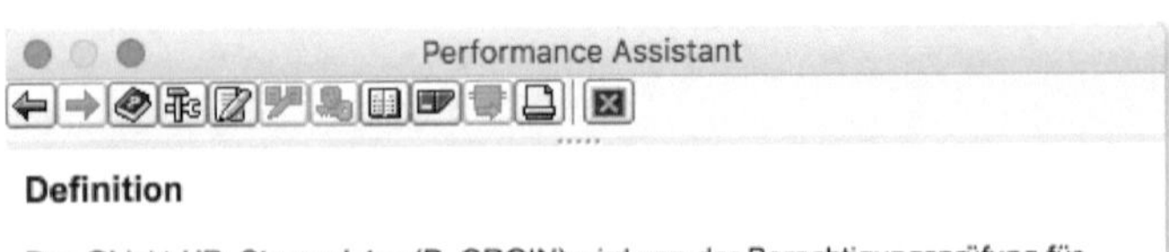

Definition

Das Objekt *HR: Stammdaten* (P_ORGIN) wird von der Berechtigungsprüfung für Personaldaten verwendet. Diese Prüfung findet statt, wenn **HR-Infotypen** bearbeitet oder gelesen werden.

Nach dem Aufruf einer Transaktion, mit der Personendaten bearbeitet werden können, prüft das System, ob mindestens eine Leseberechtigung vorliegt (**Berechtigungslevel** R). Ist dies der Fall, so wird innerhalb der Transaktion eine verfeinerte Berechtigungsprüfung durchgeführt. Im HR-Reporting (Reports mit **log. Datenbank PNP**) wird, bevor das Selektionsbild erscheint, geprüft, ob für alle im Report angeforderten Infotypen eine Berechtigung vorliegt. Danach erfolgt pro selektierter Person eine verfeinerte Prüfung. Beachten Sie im Zusammenhang des HR-Reportings auch die Berechtigungsobjekte **ABAP: Programmablaufprüfungen** und **HR: Reporting**.

Beachten Sie, daß für die einzelnen Felder angegebene Werte i.a. nicht andere Werte umfassen. Die Ausprägung ' ' muß also ggf. explizit angegeben sein. Insbesondere muß die Ausprägung ' ' für das Feld *Subtyp* immer vorhanden sein (Grund: das Feld ist initial, wenn der Infotyp keine Subtypen unterstützt oder wenn der Subtyp nicht spezifiziert wurde).

Definierte Felder

- **Infotyp**
- **Subtyp**
- **Berechtigungslevel**
- **Personalbereich**
- **Mitarbeitergruppe**
- **Mitarbeiterkreis**
- **Organisationsschlüssel**

Abbildung 8.12: Dokumentation des Berechtigungsobjektes

Der Button öffnet den aufgezeichneten Benutzer in der Transaktion SU01. All diese direkten Absprünge sind gerade bei größeren Aufzeichnungen sehr hilfreich und erlauben eine schnelle Navigation zu den einzelnen Elementen.

Kommen wir nun zurück zu unserem Beispiel: Ich aktivere erneut den Berechtigungstrace für den Benutzer. Anschließend versucht der Testbenutzer, für den ausgewählten Personalfall den Infotyp 0014 (Wiederkehrende Be-/Abzüge) zu öffnen. Diesen wählt er, wie in Abbildung 8.13 zu sehen, unter DIREKTE AUSWAHL ❶ und drückt anschließend den Button ANZEIGEN ❷.

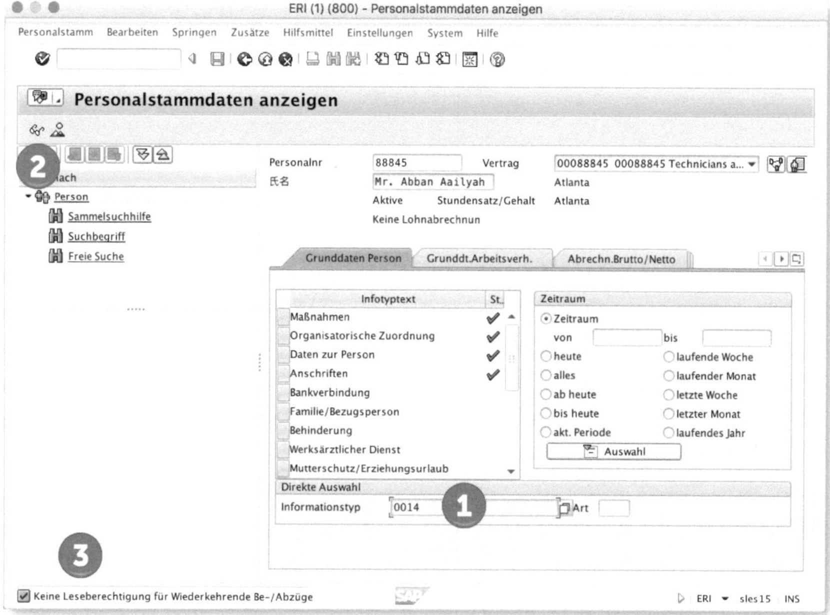

Abbildung 8.13: Aufrufen des Infotyps 0014 durch den Testbenutzer

Der Testbenutzer erhält daraufhin die Meldung über die fehlende Berechtigung ❸. Wir können den Trace wieder deaktivieren und uns erneut das Protokoll anzeigen lassen (Abbildung 8.14 und Abbildung 8.15). Wir sehen nun, dass jetzt nur zwei Fehler in der Tracedatei ausgegeben werden.

ERI (1) (800) - Systemtrace für Berechtigungsprüfungen

Systemtrace für Berechtigungsprüfungen

Datum	Zeitpunkt	Benutzer	Typ	Anwendu...	Programmname	Prüfu...	Ergeb...	Ergebnis der Berechtigungsprüfung	Zusatzi...
22.10.2016	19:55:11:431	CHICAGO	Transaktion	PA20	CL_HRPADOOAUTH_CHECK_STD======CP		4	Berechtigungsprüfung nicht erfolgreich	
22.10.2016	19:55:11:431	CHICAGO	Transaktion	PA20	CL_HRPADOOAUTH_CHECK_STD======CP		4	Berechtigungsprüfung nicht erfolgreich	

Abbildung 8.14: Fehler im Berechtigungstrace – Teil 1

Wenn wir in der ALV-Ausgabe wieder nach rechts scrollen, sehen wir, dass dem Benutzer zum Berechtigungsobjekt P_ORGIN ❶ im Feld INFTY ❷ mit dem Wert »0014« die Berechtigung im Feld AUTHC mit dem Wert »R« fehlt ❸.

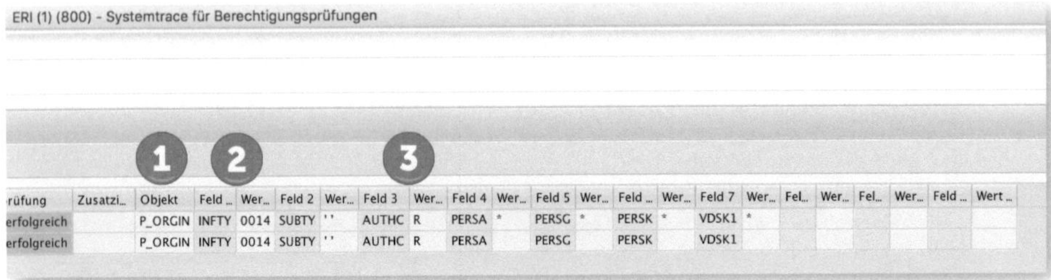

Abbildung 8.15: Fehler im Berechtigungstrace – Teil 2

Zugegebenermaßen ist dies ein sehr einfaches Beispiel, die Anzahl der Datensätze ist sehr gering, und es hätte auch andere Möglichkeiten zur Analyse gegeben. Wenn wir das Beispiel jedoch ändern und ein Anwender beim Berechtigungsadministrator meldet, dass z. B. bei der Selektion über alle Personalfälle einer Organisationseinheit ein konkreter *Personalfall* nicht im Bericht ausgegeben wird, ändert sich die Ausgangssituation. Schalten wir jetzt den Trace beim Aufruf des Berichtes ein und der Testbenutzer führt diesen aus, sehen wir anschließend in der Ausgabe (Abbildung 8.16), dass mehr als 10.000 Datensätze aufgezeichnet wurden und diese Masse an Daten nur schwer zu analysieren ist.

Bei solchen Fehlerbeschreibungen durch Benutzer sollte dann der Bericht möglichst nur für den einen Personalfall ausgeführt werden. Dadurch wird die Anzahl an Meldungen drastisch reduziert, wie in Abbildung 8.17 zu sehen.

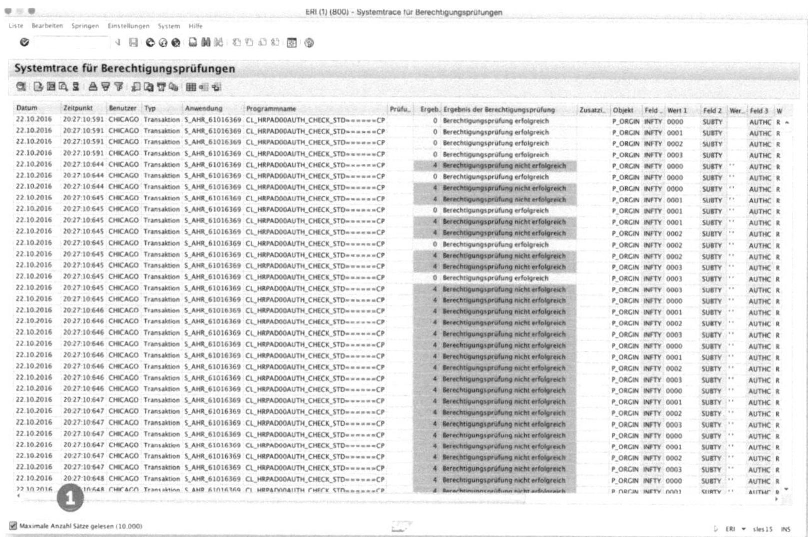

Abbildung 8.16: Ausgabe des Traces bei Berichtsausführung

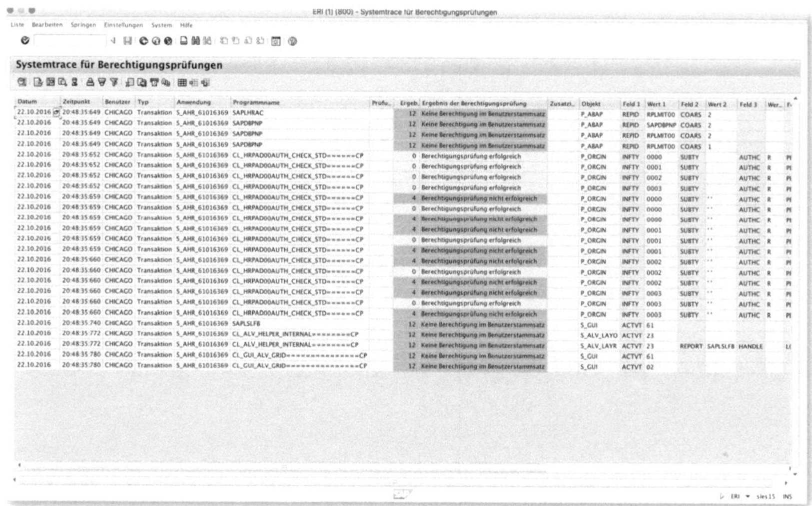

Abbildung 8.17: Ausgabe des Traces bei Berichtsausführung – optimiert

Aufzeichnung auf das benötigte Minimum reduzieren

Die Zeit der Traceaufzeichnung sollte so weit wie möglich reduziert werden, da die aufgezeichnete Datenmenge sehr groß wird und somit die spätere Analyse deutlich schwerer fällt. Gelegentlich empfiehlt es sich sogar, dass der zu analysierende Benutzer bereits vor dem Einschalten des Traces erste Aktionen ausführt und nur die letzten Aktionen, bei denen es zum Fehler kam, aufgezeichnet werden.

Analyse fehlgeschlagener Berechtigungsprüfungen

Bei der Analyse fehlgeschlagener Berechtigungsprüfungen bietet die HR-Berechtigungs-Workbench, die wir in Abschnitt 6.1 kennengelernt haben, sehr viele nützliche Funktionen.

8.3 Report RH_AUTH_CUST_CHECK

Mit dem OSS-Hinweis 2104789 »Neues Programm RH_AUTH_CUST _CHECK« stellt die SAP ein neues Tool zur Unterstützung der *Benutzer-* und *Berechtigungsadministration* zur Verfügung. Mit dem Report RH_AUTH_CUST_CHECK können Sie schnell und übersichtlich auswerten, welche Berechtigungen ein bestimmter Benutzer für einen Personalfall hat. Starten Sie hierzu das Programm über die Transaktion SE38 (Abbildung 8.18).

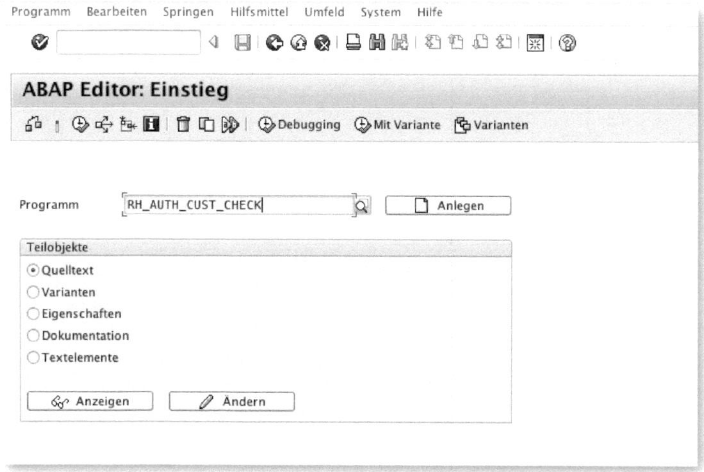

Abbildung 8.18: Aufruf des Reports RH_AUTH_CUST_CHECK

Auf dem Selektionsbild (siehe Abbildung 8.19) tragen Sie die zu überprüfende PERSONALNUMMER ❶, den INFOTYP ❷ (und ggf. SUBTYP ❸) sowie den BENUTZER ❹ ein, dessen Zugriffsrechte Sie überprüfen möchten, ein. Anschließend starten Sie das Programm über den Button AUSFÜHREN ❺.

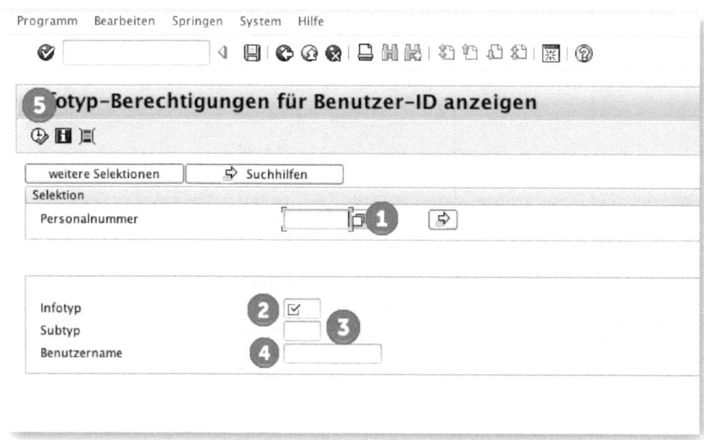

Abbildung 8.19: Selektionsbildschirm des Reports RH_AUTH_CUST_CHECK

Als Ergebnis erhalten Sie für die vorhandenen *Zeitraum-Datensätze* des Infotyps zum jeweiligen Berechtigungsobjekt die Information, für welches Berechtigungslevel (*, W, R, M, S, E und D) der Benutzer autorisiert ist (siehe Abbildung 8.20).

Berechtigungsergebnisse

VALDT ist eingeschaltet - Infotyp / Subtyp 0001 -

Personalnr	Name MA/Bew.	Objekt	Infty	A	Gültig ab	Gültig bis	*	W	R	M	S	E	D
60001513		P_ORGIN	0001		01.06.2006	30.09.2006	✔	✔	✔	✔	✔	✔	✔
60001513		P_ORGXX	0001		01.06.2006	30.09.2006	✔	✔	✔	✔	✔	✔	✔
60001513		P_ORGIN	0001		01.10.2006	31.12.2006	✔	✔	✔	✔	✔	✔	✔
60001513		P_ORGXX	0001		01.10.2006	31.12.2006	✔	✔	✔	✔	✔	✔	✔
60001513		P_ORGIN	0001		01.01.2007	31.12.2007	✔	✔	✔	✔	✔	✔	✔
60001513		P_ORGXX	0001		01.01.2007	31.12.2007	✔	✔	✔	✔	✔	✔	✔
60001513		P_ORGIN	0001		01.01.2008	30.04.2010	✔	✔	✔	✔	✔	✔	✔
60001513		P_ORGXX	0001		01.01.2008	30.04.2010	✔	✔	✔	✔	✔	✔	✔
60001513		P_ORGIN	0001		01.05.2010	28.02.2014	✔	✔	✔	✔	✔	✔	✔
60001513		P_ORGXX	0001		01.05.2010	28.02.2014	✔	✔	✔	✔	✔	✔	✔
60001513		P_ORGIN	0001		01.03.2014	31.12.9999	✔	✔	✔	✔	✔	✔	✔
60001513		P_ORGXX	0001		01.03.2014	31.12.9999	✔	✔	✔	✔	✔	✔	✔

Abbildung 8.20: Ausgabe des Reports RH_AUTH_CUST_CHECK

Für das Berechtigungsobjekt P_PERNR, das den Zugriff auf die eigene PERSONALNUMMER (Abbildung 8.21) steuert (vgl. Abschnitt 3.2.10), gibt der Report ein »I« für den berechtigten Zugriff oder ein »E« bei verweigertem Zugriff aus.

Berechtigungsergebnisse

VALDT ist eingeschaltet - Infotyp / Subtyp 0001 -

Personalnr	Name MA/Bew.	Objekt	Infty	A	Gültig ab	Gültig bis	*	W	R	M	S	E	D
60001513		P_ORGIN	0001		01.06.2006	30.09.2006	✔	✔	✔	✔	✔	✔	✔
60001513		P_ORGXX	0001		01.06.2006	30.09.2006	✔	✔	✔	✔	✔	✔	✔
60001513		P_ORGIN	0001		01.10.2006	31.12.2006	✔	✔	✔	✔	✔	✔	✔
60001513		P_ORGXX	0001		01.10.2006	31.12.2006	✔	✔	✔	✔	✔	✔	✔
60001513		P_ORGIN	0001		01.01.2007	31.12.2007	✔	✔	✔	✔	✔	✔	✔
60001513		P_ORGXX	0001		01.01.2007	31.12.2007	✔	✔	✔	✔	✔	✔	✔
60001513		P_ORGIN	0001		01.01.2008	30.04.2010	✔	✔	✔	✔	✔	✔	✔
60001513		P_ORGXX	0001		01.01.2008	30.04.2010	✔	✔	✔	✔	✔	✔	✔
60001513		P_ORGIN	0001		01.05.2010	28.02.2014	✔	✔	✔	✔	✔	✔	✔
60001513		P_ORGXX	0001		01.05.2010	28.02.2014	✔	✔	✔	✔	✔	✔	✔
60001513		P_PERNR	0001		01.03.2014	31.12.9999	I	I	I	I	I	I	I
60001513		P_ORGIN	0001		01.03.2014	31.12.9999	✔	✔	✔	✔	✔	✔	✔
60001513		P_ORGXX	0001		01.03.2014	31.12.9999	✔	✔	✔	✔	✔	✔	✔

Abbildung 8.21: Informationen des Reports RH_AUTH_CUST_CHECK zum Zugriff auf den eigenen Personalstamm

Mit einem Doppelklick auf das Berechtigungslevel (Spalten W, R, M, S, E, D) erhalten Sie die Information, aus welcher der dem Benutzer zugeordneten Rollen der Zugriff stammt (Abbildung 8.22).

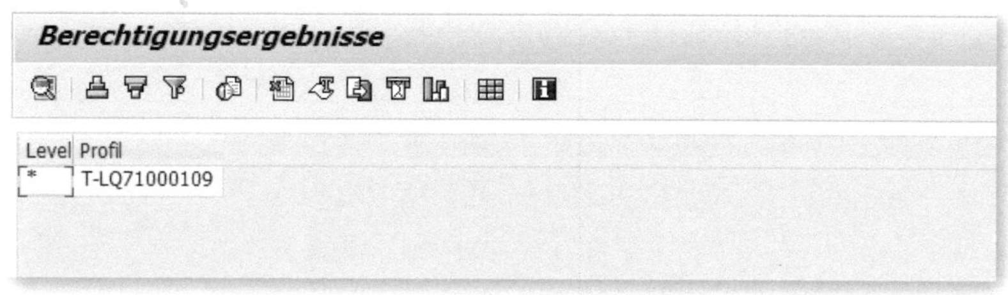

Abbildung 8.22: Information zum Berechtigungsprofil im Report RH_AUTH_CUST_CHECK

8.4 Debugging

In bestimmten Fehlersituationen kann es vorkommen, dass der Administrator den Fehler mit den in den vorherigen Abschnitten beschriebenen Möglichkeiten nicht analysieren kann. In dieser Situation kann ein Entwickler mit Debugging-Berechtigungen den Programmcode und die durchgeführten Prüfungen noch detaillierter prüfen. Im SAP HCM gibt es glücklicherweise einige zentrale Stellen, an denen der Entwickler aufsetzen bzw. einen ersten Versuch der Analyse starten kann, bevor komplette Programme mit sehr viel Aufwand debuggt werden müssen. Die Berechtigungsprüfungen für den Zugriff auf *Infotypen der Personaladministration* finden innerhalb der folgenden beiden Klassen statt:

- CL_HRPAD00AUTH_CHECK_STD und
- CL_HRPAD00AUTH_CHECK_FAST.

Sollte in Ihrem System das BAdI HRPAD00AUTH_CHECK (vgl. Abschnitt 9.1) implementiert worden sein, muss entsprechend die Klasse der BAdI-Implementierung analysiert werden.

Für eine Analyse von Prüfungen auf *Infotypen der Personalplanung* gibt es leider unterschiedliche Anlaufstellen. Normalerweise werden die Prüfungen über den Funktionsbaustein RH_BASE_AUTHORITY _CHECK durchgeführt.

Zuletzt können auch strukturelle Berechtigungsprüfungen per Debugging analysiert werden. Die eigentlichen Prüfungen erfolgen hier über die Funktionsbausteine

- RH_STRU_AUTHORITY_CHECK,
- RH_STRU_AUTHORITY_CHECK_PP01,
- RH_AUTHORITY_CHECK_FROM_ADMIN und
- RH_AUTHORITY_CHECK_ORGEH.

9 Erweiterung der Berechtigungssteuerung

Im Rahmen der Einführung der SAP-Komponente HCM stößt man in den verschiedenen Projekten immer wieder auf Anforderungen, die nicht mit den im SAP-Standard verfügbaren Mitteln abgebildet werden können. Jedoch gibt es einige BAdIs, mit denen sich die Berechtigungssteuerung und die Prozesse ohne Modifikation anpassen lassen.

In diesem Kapitel möchte ich Ihnen die vier *BAdIs* vorstellen, die zur Erweiterung und Anpassung der Berechtigungssteuerung zur Verfügung stehen, und zeigen, für welchen Einsatzzweck diese genutzt werden können.

Zielgruppenkonforme Beschreibung

Da sich dieses Buch an Berechtigungsadministratoren richtet, werde ich auf eine Beschreibung der Implementierung dieser BAdIs per ABAP verzichten.

9.1 BAdI HRPAD00AUTH_CHECK

Mit dem *HRPAD00AUTH_CHECK* hat die SAP eine sehr mächtige BAdI-Definition ausgegeben, mit der Sie die komplette HCM-spezifische Berechtigungsprüfung überschreiben können. Lassen Sie uns im ersten Schritt die BAdI-Definition in der SE18 ansehen (Abbildung 9.1). Tragen Sie hierzu im Feld BADI-NAME ❶ den Wert »HRPAD00AUTH_CHECK« ein, und klicken Sie auf den Button ANZEIGEN ❷.

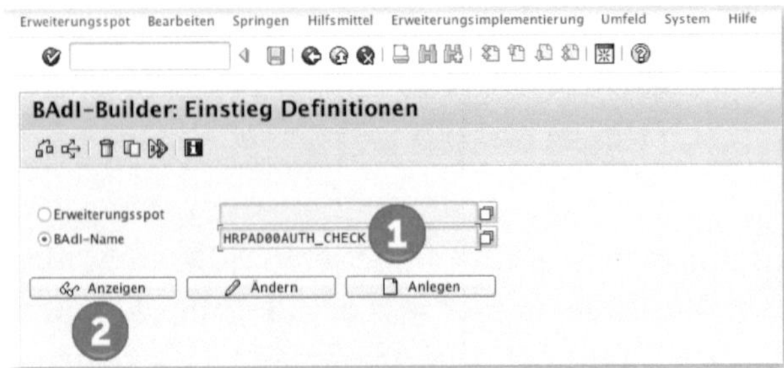

Abbildung 9.1: Aufruf der BAdI-Definition in der Transaktion SE18

Nun sehen wir die BAdI-Definition (Abbildung 9.2) und wechseln dort auf den Tab INTERFACE. Dieser beinhaltet die für die BAdI-Definition interessanten Informationen: Im oberen Bereich ❶ sehen wir den Namen des Interfaces, den dieses BAdI implementiert. Daraus ergibt sich, welche Methoden ❷ und damit, welche Prüf-Möglichkeiten wir in dieser BAdI-Definition haben.

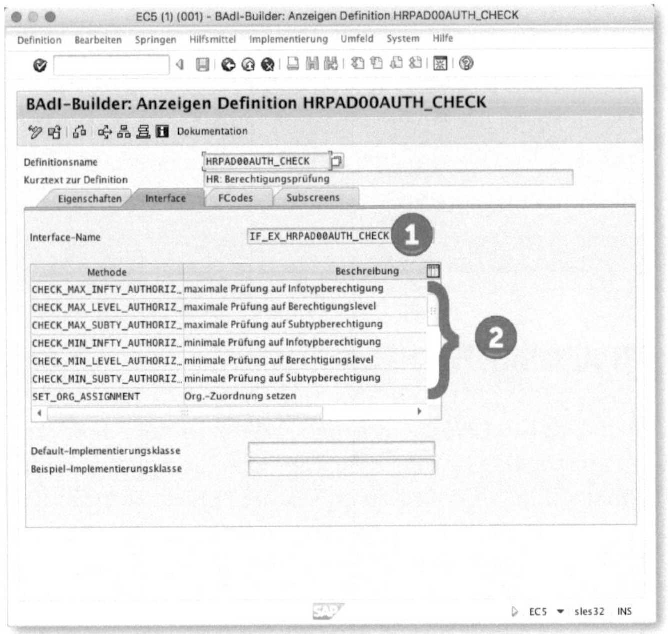

Abbildung 9.2: Interface des BAdIs HRPAD00AUTH_CHECK

Da diese BAdI-Definition mit dem Interface IF_EX_HRPAD00AUTH_CHECK sehr viele Methoden verfügbar macht, können wir mit einem Doppelklick auf den Interface-Namen in die Transaktion SE24 abspringen und sehen dort im Detail (Abbildung 9.3) alle uns zur Verfügung stehenden Optionen. Hier können Sie sich zudem durch Markieren einer Methode und Klick auf den Button PARAMETER ❶ die Schnittstelle der Methode anzeigen lassen (Abbildung 9.4).

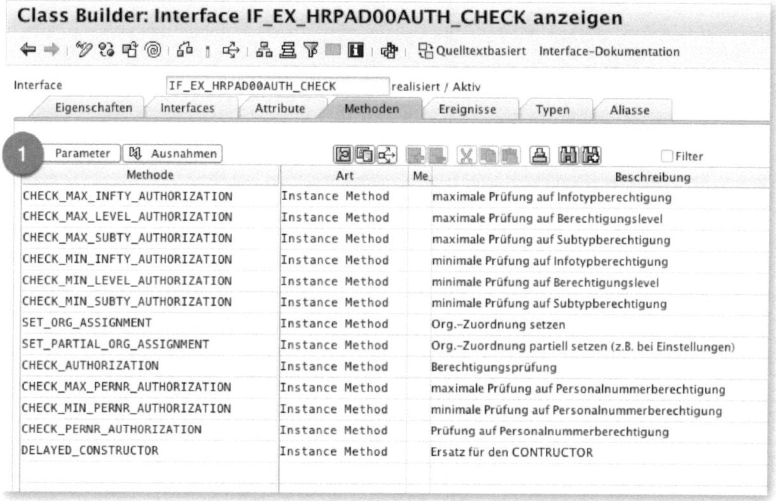

Class Builder: Interface IF_EX_HRPAD00AUTH_CHECK anzeigen

Quelltextbasiert Interface-Dokumentation

Interface IF_EX_HRPAD00AUTH_CHECK realisiert / Aktiv

Eigenschaften | Interfaces | Attribute | Methoden | Ereignisse | Typen | Aliasse

1 Parameter | Ausnahmen | Filter

Methode	Art	Me.	Beschreibung
CHECK_MAX_INFTY_AUTHORIZATION	Instance Method		maximale Prüfung auf Infotypberechtigung
CHECK_MAX_LEVEL_AUTHORIZATION	Instance Method		maximale Prüfung auf Berechtigungslevel
CHECK_MAX_SUBTY_AUTHORIZATION	Instance Method		maximale Prüfung auf Subtypberechtigung
CHECK_MIN_INFTY_AUTHORIZATION	Instance Method		minimale Prüfung auf Infotypberechtigung
CHECK_MIN_LEVEL_AUTHORIZATION	Instance Method		minimale Prüfung auf Berechtigungslevel
CHECK_MIN_SUBTY_AUTHORIZATION	Instance Method		minimale Prüfung auf Subtypberechtigung
SET_ORG_ASSIGNMENT	Instance Method		Org.-Zuordnung setzen
SET_PARTIAL_ORG_ASSIGNMENT	Instance Method		Org.-Zuordnung partiell setzen (z.B. bei Einstellungen)
CHECK_AUTHORIZATION	Instance Method		Berechtigungsprüfung
CHECK_MAX_PERNR_AUTHORIZATION	Instance Method		maximale Prüfung auf Personalnummerberechtigung
CHECK_MIN_PERNR_AUTHORIZATION	Instance Method		minimale Prüfung auf Personalnummerberechtigung
CHECK_PERNR_AUTHORIZATION	Instance Method		Prüfung auf Personalnummerberechtigung
DELAYED_CONSTRUCTOR	Instance Method		Ersatz für den CONTRUCTOR

Abbildung 9.3: Interface IF_EX_HRPAD00AUTH_CHECK

Class Builder: Interface IF_EX_HRPAD00AUTH_CHECK anzeigen

Quelltextbasiert Interface-Dokumentation

Interface IF_EX_HRPAD00AUTH_CHECK realisiert / Aktiv

Eigenschaften | Interfaces | Attribute | Methoden | Ereignisse | Typen | Aliasse

Parameter der Methode CHECK_MAX_INFTY_AUTHORIZATION

Methoden | Ausnahmen | Eigenschaften

Parameter	Art	We.	O.	TypisierMetho.	Bezugstyp	Standardwert	Beschreibung
LEVEL	Importing	☑	☐	Type	AUTHC_D		Berechtigungslevel (R,W,S,E,D,M)
TCLAS	Importing	☑	☑	Type	TCLAS	'A'	'A' = Mitarbeiter, 'B' = Bewerber
INFTY	Importing	☑	☐	Type	INFTY		Infotyp
UNAME	Importing	☑	☑	Type	SY-UNAME	SY-UNAME	Benutzername
IS_AUTHORIZED	Exporting	☐	☐	Type	BOOLEAN		'X' = TRUE, '-' = FALSE
		☐	☐	Type			
		☐	☐	Type			

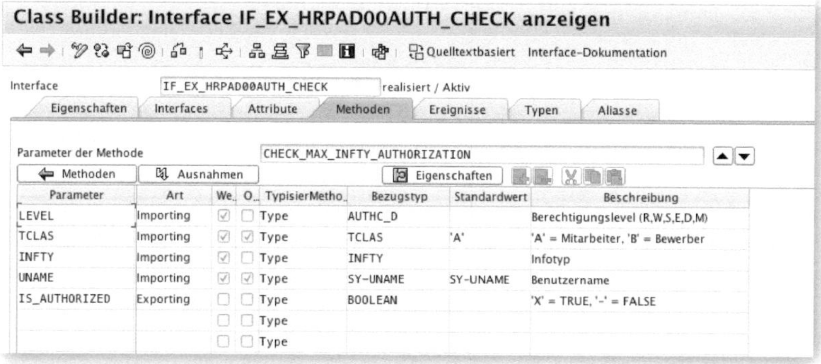

Abbildung 9.4: Schnittstelle der Methode CHECK_MAX_INFTY_AUTHORIZATION

Dieses BAdI ist als Alternative bzw. Erweiterung zu den Standard-Berechtigungsprüfungen gedacht und implementiert daher eine komplett eigene Berechtigungsprüfung. Wenn Sie jedoch nur einzelne Stellen der Standard-Berechtigungsprüfungen ändern wollen, ist ein mögliches Vorgehen, das Coding aus der Standard-Klasse CL_HRPAD00AUTH_CHECK_STD zu kopieren und in Ihre Implementierung zu übernehmen. Der Nachteil an dieser Lösung ist allerdings, dass Sie Anpassungen, die durch Updates der SAP in der Standard-Klasse erfolgen, manuell in Ihre BAdI-Implementierung übernehmen und nachziehen müssen. Eine bessere, aber von der Entwicklung her aufwendigere Lösung besteht darin, die Standard-Klasse aus Ihrer Implementierung aufzurufen, um den Standard weiterhin zu durchlaufen und anschließend nur Ihre besonderen Anforderungen zu verarbeiten.

9.2 BAdI HRPAD00AUTH_TIME

Mit der *BAdI-Definition HRPAD00AUTH_TIME* (Abbildung 9.5) haben Sie die Möglichkeit, die Zeitlogik bei der Berechtigungssteuerung Ihren eigenen Anforderungen gemäß anzupassen. Beispielsweise könnten Sie die Zugriffsberechtigung für Personaldaten abhängig vom aufrufenden Benutzer und seinen Rollen einschränken, was im SAP-Standard so nicht vorgesehen ist. Eine solche Implementierung wird z. B. benötigt, um unter gewissen Bedingungen den Zugriff auf Daten in der Vergangenheit zu verhindern. Im oberen Bereich ❶ sehen wir wieder die über das Interface zur Verfügung stehenden Methoden. In diesem BAdI gibt es außerdem eine Beispiel-Implementierungsklasse ❷, an der sich die Entwickler orientieren können.

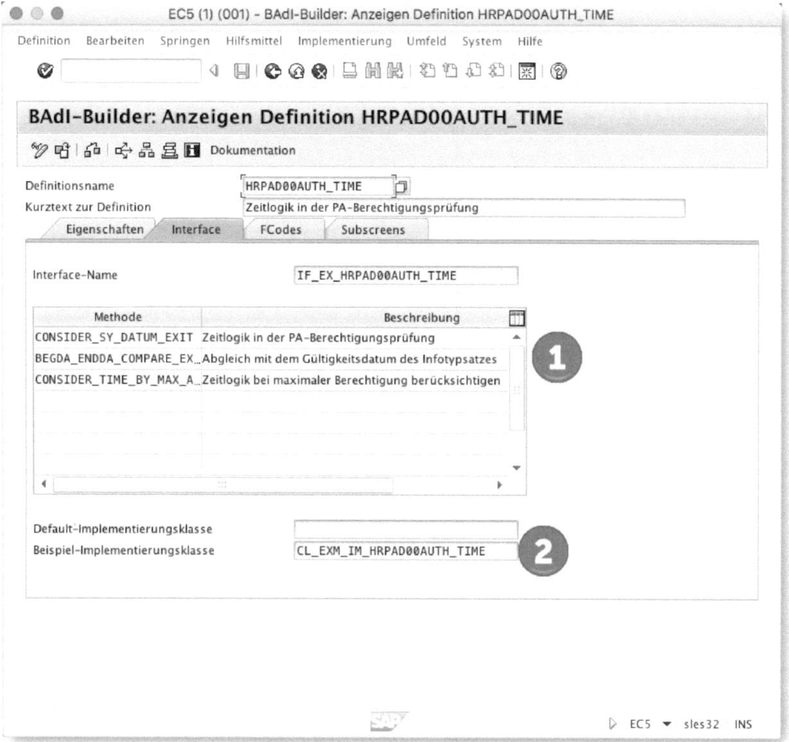

Abbildung 9.5: BAdI-Definition HRPAD00AUTH_TIME

9.3 BAdI HRBAS00_STRUAUTH

Die *BAdI-Definition HRBAS00_STRUAUTH* (Abbildung 9.6 mit den Methoden des INTERFACES ❶ und der Beispiel-Implementierungsklasse ❷) erlaubt es Ihnen, die im SAP-Standard verwendete Berechtigungssteuerung für die strukturelle Berechtigungsprüfung anzupassen bzw. zu erweitern. Eine solche Implementierung könnte z. B. für Benutzer mit sehr weitreichenden Berechtigungen sinnvoll sein, für die die Ermittlung des strukturellen Profils sehr viel Zeit in Anspruch nimmt, oder wenn es Probleme mit den Laufzeiten der Pufferung (vgl. Abschnitt 4.6) struktureller Berechtigungen gibt.

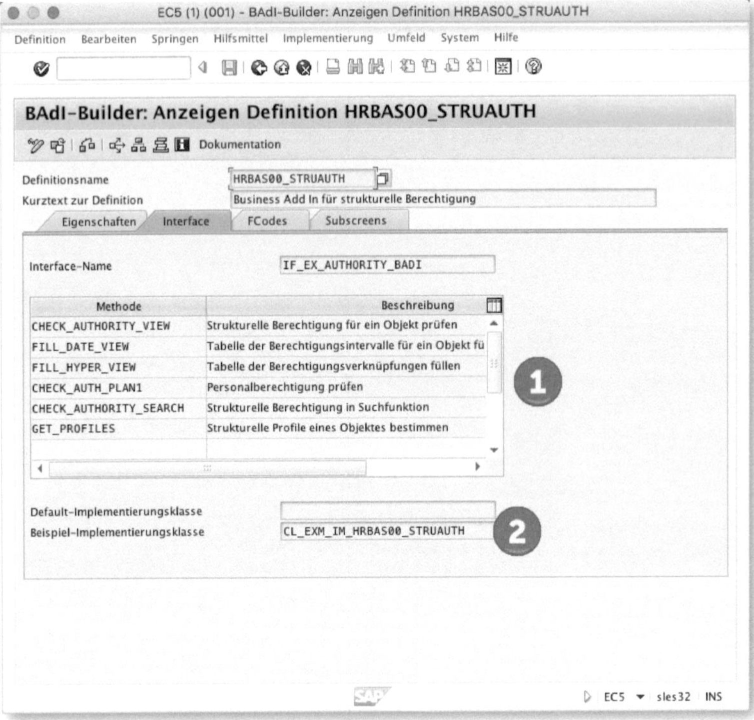

Abbildung 9.6: BAdI-Definition HRBAS00_STRUAUTH

9.4 BAdI HRBAS00_GET_PROFL

Im Abschnitt 4.5 haben Sie die kontextsensitiven Berechtigungen kennengelernt. Bei diesen Berechtigungsobjekten ist der Name des zugehörigen Profils bereits im Feld PROFL der eingesetzten Berechtigungsobjekte enthalten. Das *BAdI HRBAS00_GET_PROFL* kann nun dazu verwendet werden, die in den Rollen enthaltenen Profile automatisch den Benutzern zuzuordnen.

Schauen wir zuerst wieder auf die BAdI-Definition. In Abbildung 9.7 sehen wir, dass nur eine einzige Interface-Methode ❶ GET_T77PR_TAB existiert. Weiterhin sehen wir die zum BAdI ausgelieferte BEISPIEL-IMPLEMENTIERUNGSKLASSE ❷.

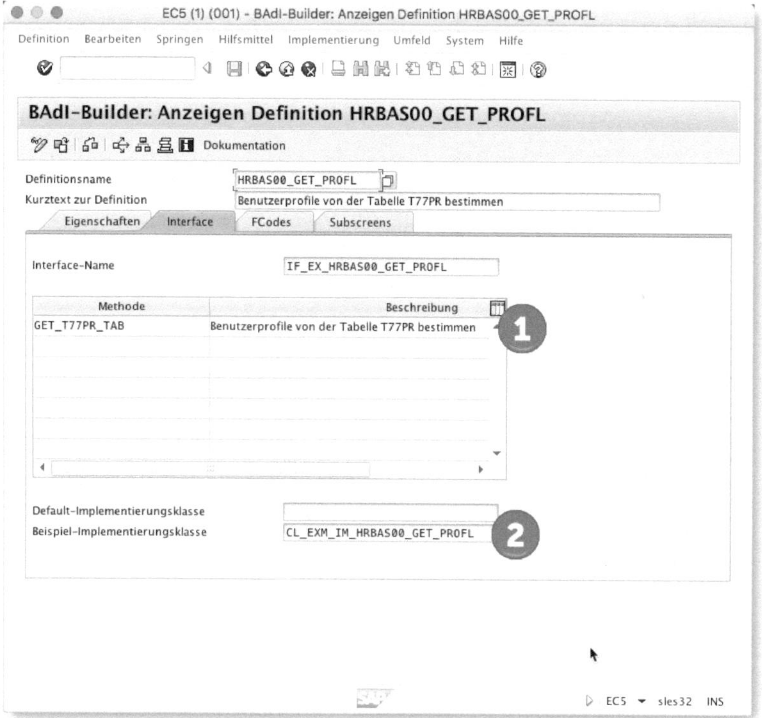

Abbildung 9.7: BAdI-Definition HRBAS00_GET_PROFL

Wenn wir nun den Quellcode der Beispiel-Implementierungsklasse zur Methode IF_EX_HRBAS00_GET_PROFL~GET_T7PR_TAB betrachten (Listing 9.1), wird der simple Ablauf erkennbar: Zuerst werden die für den Benutzer zugeordneten Berechtigungsobjekte P_ORGINCON über den Funktionsbaustein GET_AUTH_VALUES ermittelt ❶. Anschließend erfolgt ein Loop über die Berechtigungsobjekte, und der Inhalt des Feldes PROFL wird ermittelt. Im Schritt ❷ werden die so gefundenen Profile sortiert und Duplikate entfernt. Als Nächstes werden dann – ausgehend vom eben im Feld PROFL erhaltenen Wert – die eigentlichen Profile aus der Tabelle T77PR gelesen und an den Exporting-Parameter T77P3_TAB übergeben. Lediglich die Besonderheit, dass dem Benutzer im Feld PROFL ein »*« zugeordnet ist, muss noch behandelt werden. In diesem Beispiel wird dafür das Profil »ALL« zugeordnet.

```
METHOD if_ex_hrbas00_get_profl~get_t77pr_tab .
  DATA: t77pr_wa TYPE t77pr.
  TYPES: profl_type TYPE STANDARD TABLE OF hrprofl.
  DATA: profl_tab TYPE profl_type,
        profl_wa TYPE hrprofl,
        profl_tab_count TYPE p.
  TYPES: values_type TYPE STANDARD TABLE OF us335.
  DATA : values TYPE values_type,
         values_wa TYPE us335.


  CALL FUNCTION 'GET_AUTH_VALUES'
    EXPORTING
      object1              = 'P_ORGINCON'
      user                 = uname
    TABLES
      values               = values
    EXCEPTIONS
      user_doesnt_exist = 0
      OTHERS               = 0.

  LOOP AT values INTO values_wa
              WHERE field = 'PROFL'.
    profl_wa = values_wa-lowval.
    APPEND profl_wa TO profl_tab.
  ENDLOOP.

* Optimization according to note 2044559
  SORT profl_tab.
  DELETE ADJACENT DUPLICATES FROM profl_tab.

  DESCRIBE TABLE profl_tab LINES profl_tab_count.
  IF profl_tab_count = 0.
    RAISE no_profile_found.
  ELSE.
    LOOP AT profl_tab INTO profl_wa.
      IF profl_wa(1) = '*'.
        t77pr_wa-profl = 'ALL'.
        t77pr_wa-plvar = '**'.
        t77pr_wa-otype = '*'.
        t77pr_wa-maint = 'X'.
        APPEND t77pr_wa TO t77pr_tab.
      ELSE.
        SELECT * FROM t77pr INTO t77pr_wa
                     WHERE profl = profl_wa-profl.
          APPEND t77pr_wa TO t77pr_tab.
        ENDSELECT.
      ENDIF.
    ENDLOOP.
  ENDIF.
ENDMETHOD.                    "IF_EX_HRBAS00_GET_PROFL~GET_T77PR_TAB
```

Listing 9.1: Quellcode der Beispiel-Implementierungsklasse zum BAdI HRBAS00_GET_PROFL

Einsatz des BAdIs auch ohne kontextsensitive Berechtigungen

Das BAdI HRBAS00_GET_PROFL ermöglicht natürlich auch ohne den Einsatz kontextsensitiver Berechtigungen eine automatisierte Zuordnung von Profilen zu Benutzern. Beispielsweise könnten Sie die Profile aus einer kundeneigenen Tabelle zuordnen oder ein Berechtigungsobjekt in die Rollen aufnehmen, das lediglich die Zuordnung der Profile zu den Benutzern bestimmt und sonst keinerlei Funktion beinhaltet. Durch die automatisierte Zuordnung wird der Aufwand für die Benutzeradministration massiv verringert. Somit empfiehlt sich die Zuordnung von Profilen zu einem Benutzer über diesen Weg.

10 Fazit

Die Berechtigungssteuerung im SAP HCM baut auf vielen bekannten Konzepten der Benutzer- und Berechtigungsverwaltung im SAP-System auf. Um aber z. B. die HCM-spezifische Steuerung über Strukturen abbilden und berechtigen zu können, wurden von der SAP einige weiterführende Konzepte wie etwa die strukturellen Berechtigungen entwickelt und zur Verfügung gestellt.

Eine Kombination dieser Konzepte mit den bestehenden Erweiterungsmöglichkeiten des SAP-Standards erlaubt es Kunden, auch individuelle Anforderungen an die Berechtigungssteuerung der sensiblen Personendaten abbilden zu können.

Wichtig bleiben, wie eingangs erwähnt, eine frühzeitige Einbindung des Berechtigungsteams in die Projekte sowie die Erinnerung, dass einige Themen – wie die in Abschnitt 4.6 beschriebene Möglichkeit der Pufferung struktureller Berechtigungen – auch noch nach der Einführung fortlaufende Aufgaben darstellen.

Die E-Book-Flatrate für unsere

digitale SAP-Bibliothek

Mobil, flexibel und praxisnah!

Mehr Informationen unter:

http://onleihe.espresso-tutorials.com

Sie haben das Buch gelesen und sind mit unserem Werk zufrieden? Bitte schreiben Sie uns eine Rezension!

Unser Newsletter

Wir informieren Sie über Neuerscheinungen und exklusive Gratisdownloads in unserem Newsletter.

Melden Sie sich noch heute an unter *http://newsletter.espresso-tutorials.com*

A Der Autor

Marcel Schmiechen hat nach seiner Ausbildung zum Verwaltungsfachangestellten bei unterschiedlichen Firmen gearbeitet, die sich mit der Einführung, Wartung und Entwicklung von SAP-Systemen befassen. Seit 2013 ist er Mitarbeiter der exxsens GmbH (*www.exxsens.de*) in Hofheim und dort inzwischen als Geschäftsführer tätig.

Als SAP-Entwickler und -Berater ist er mit den verschiedensten Modulen und Anwendungen befasst. Seine Schwerpunkte liegen dabei auf den Themen SAP Solution Manager sowie Systemadministration und ABAP-Entwicklung, über deren Verbindung sich interessante Synergie-Effekte erzielen lassen. Seine Stärken liegen in der technischen Umsetzung und Konzeption von Lösungen. Neben der direkten Beratung von Kunden arbeitet er zudem im Bereich der Produktentwicklung für SAP-Add-ons.

B Index

F

G

H

I

J

K

L

M

O

P

R

S

T

U

C Disclaimer

Die in diesem Werk wiedergegebenen Gebrauchsnamen, Handelsnamen, Warenbezeichnungen usw. können auch ohne besondere Kennzeichnung Marken sein und als solche den gesetzlichen Bestimmungen unterliegen. Sämtliche in diesem Werk abgedruckten Bildschirmabzüge unterliegen dem Urheberrecht der SAP SE, Dietmar-Hopp-Allee 16, 69190 Walldorf.

In dieser Publikation wird auf Produkte der SAP SE Bezug genommen. SAP, R/3, SAP NetWeaver, Duet, PartnerEdge, ByDesign, SAP BusinessObjects Explorer, StreamWork und weitere im Text erwähnte SAP-Produkte und Dienstleistungen sowie die entsprechenden Logos sind Marken oder eingetragene Marken der SAP SE in Deutschland und anderen Ländern. Business Objects und das Business-Objects-Logo, BusinessObjects, Crystal Reports, Crystal Decisions, Web Intelligence, Xcelsius und andere im Text erwähnte Business-Objects-Produkte und Dienstleistungen sowie die entsprechenden Logos sind Marken oder eingetragene Marken der Business Objects Software Ltd. Business Objects ist ein Unternehmen der SAP SE. Sybase und Adaptive Server, iAnywhere, Sybase 365, SQL Anywhere und weitere im Text erwähnte Sybase-Produkte und -Dienstleistungen sowie die entsprechenden Logos sind Marken oder eingetragene Marken der Sybase Inc. Sybase ist ein Unternehmen der SAP SE. Alle anderen Namen von Produkten und Dienstleistungen sind Marken der jeweiligen Firmen. Die Angaben im Text sind unverbindlich und dienen lediglich zu Informationszwecken. Produkte können länderspezifische Unterschiede aufweisen.

Der SAP-Konzern übernimmt keinerlei Haftung oder Garantie für Fehler oder Unvollständigkeiten in dieser Publikation. Der SAP-Konzern steht lediglich für Produkte und Dienstleistungen nach der Maßgabe ein, die in der Vereinbarung über die jeweiligen Produkte und Dienstleistungen ausdrücklich geregelt ist. Aus den in dieser Publikation enthaltenen Informationen ergibt sich keine weiterführende Haftung.

Weitere Bücher von Espresso Tutorials

Dr. Bernd Klüppelberg:

Techniken im SAP®-Berechtigungswesen

- Berechtigungskonzepte in SAP
- SE16N, Z-Programme, Menühandling
- zahlreiche Praxisbeispiele
- viele Tipps und Tricks aus zehn Jahren Praxiserfahrung

http://5031.espresso-tutorials.com

Maxim Chuprunov:

SAP® GRC. Governance, Risk und Compliance im Dienste der Korruptions- und Betrugsbekämpfung (erscheint bald)

- Risikomanagement und Internes Kontrollsystem (IKS)
- Automatisierungstreiber und Mehrwert von GRC
- Konzeptionierung und Umsetzung einer Antikorruptionsinitiative
- Aufdeckungsszenarien mittels SAP Fraud Management

http://5113.espresso-tutorials.de

Christoph Kretner & Jascha Kanngießer:

Berechtigungen in SAP® BW, HANA und BW/4HANA (erscheint bald)

- Analyse- und Planungsberechtigungen für SAP BW
- Reportingberechtigungen für SAP HANA
- kompakter Ratgeber auf dem neuesten Stand der Technik
- End-to-End-Szenario für ein transparentes Zusammenspiel der Systeme

http://5127.espresso-tutorials.de

Andreas Prieß:

SAP®-Berechtigungen für Anwender und Einsteiger (erscheint bald)

- technische Grundlagen und Fachbegriffe einfach und verständlich erklärt
- Berechtigungsprüfungen verstehen und Fehler analysieren
- Voraussetzungen und Konzepte für das Berechtigungswesen
- rollenbasierte Berechtigungen mittels Profilgenerator (PCFG)

http://5131.espresso-tutorials.de

Martin Metz & Sebastian Mayer:

Schnelleinstieg in SAP® GRC Access Control

- Analyse und Simulation von Berechtigungsrisiken
- privilegierte Berechtigungen und Notfallzugriffe
- Herzstück »Access Risk Analysis«: Regelwerke erstellen
- mindernde Kontrollen für unvermeidbare Risiken

http://5164.espresso-tutorials.de